J&C 新闻传播学实验教材系列

5.0 SHIDAI DE CHUANGYI TIYAN

梁美娜　肖伟　胡丹 编著

5.0时代
的创艺体验

报刊电子编辑实验教程

暨南大学出版社
JINAN UNIVERSITY PRESS

中国·广州

图书在版编目（CIP）数据

5.0 时代的创艺体验：报刊电子编辑实验教程/梁美娜，肖伟，胡丹编著 . —广州：暨南大学出版社，2012.8（2019.2 重印）
（新闻传播学实验教材系列）
ISBN 978 - 7 - 5668 - 0000 - 8

Ⅰ.①5.0…　Ⅱ.①梁…②肖…③胡…　Ⅲ.①电子排版—应用软件，方正飞腾创艺 5.0—教材　Ⅳ.①TS803.23

中国版本图书馆 CIP 数据核字(2011)第 203769 号

5.0 时代的创艺体验：报刊电子编辑实验教程
5.0SHIDAI DE CHUANGYI TIYAN：BAOKAN DIANZI BIANJI SHIYAN JIAOCHENG

编　著：梁美娜　肖　伟　胡　丹

出 版 人：徐义雄
责任编辑：张仲玲　黄海燕
责任校对：罗明艳　曹　瑞
责任印制：汤慧君　周一丹

出版发行：暨南大学出版社（510630）
电　　话：总编室（8620）85221601
　　　　　营销部（8620）85225284　85228291　85228292（邮购）
传　　真：（8620）85221583（办公室）　85223774（营销部）
网　　址：http://www.jnupress.com
排　　版：广州市天河星辰文化发展部照排中心
印　　刷：虎彩印艺股份有限公司
开　　本：787mm×960mm　1/16
印　　张：15.75
字　　数：320 千
版　　次：2012 年 8 月第 1 版
印　　次：2019 年 2 月第 2 次
定　　价：48.00 元

（暨大版图书如有印装质量问题，请与出版社总编室联系调换）

总　序

这是一个媒体更迭与激变的时代；

这是一个教育变革与创新的时代。

我们该以怎样的理念和方式来推进媒体实验教学的改革与发展？

新媒体发展突飞猛进、日新月异，对中国传媒业和传媒教育产生了深刻的影响，形成了巨大的挑战，提出了崭新的课题。传媒业界和学界正在积极探讨应对之策，而"全媒体"和"媒体融合"被视为传媒业发展的方向，这同样也是媒体实验室建设和媒体实验教学改革的方向。所以，编写这套实验教材的一个重要理念就是要把握中国传媒乃至国际传媒的发展趋势，注重全媒体时代知识、技能的整合与创新。另一个重要理念就是化抽象的理论为具象的操作，注重学生实战能力的培植与提升。

2009年1月，暨南大学媒体实验教学中心被教育部和财政部批准为2008年度国家级实验教学示范中心建设单位，之后便开始筹划媒体实验系列教材的编写与出版工作。经过几年的努力，编著者们已陆续完成了一些教材的编写，现在终于可以面见读者了。

借助国家级实验教学示范中心的平台，暨南大学媒体实验教学中心取得了长足的发展，教学理念与时俱进，实验设备不断完善，教学改革不断深入，教学与科研取得显著成效。在此，我们要特别感谢教育部、财政部、国务院侨务办公室以及学校的大力支持和重点资助！还要特别感谢学校实验室与设备管理处的悉心指导！

这套实验系列教材的酝酿与筹划倾注了董天策教授和谢毅教授的大量心血，教材的出版得到了暨南大学出版社徐义雄总经理和教育分社张仲玲社长的大力支持，同时也得到责任编辑的热心帮助，各位编著者为完成书稿废寝忘食，付出了辛勤的劳动，在此一并致谢！

杨先顺

2012年7月30日

前　言

60 多年米，有新闻学术重镇、媒体精英摇篮之称的暨南大学新闻学专业，为国家和海外华文媒体培养了大批具有实践创新能力的优秀新闻人才。贴近新闻媒体实务，创造一切条件培养学生的动手能力，一直是暨南大学传媒专业教育的鲜明特色。

2006 年成立的暨南大学媒体实验教学示范中心，为暨南大学新闻学博士点、新闻传播学博士后流动站、广东省名牌专业暨南大学新闻学、广东省人文社会科学重点研究基地，以及海外华文文学与华语传媒研究中心等多个学科项目提供了技术保障和实践平台。2008 年挂牌成为国家级媒体实验教学示范中心，提出要"加大实验教学教材建设的力度，以保证基础，加强应用为指导，编写、出版符合当前媒体技术发展的系列实验教材"，以完成国家级实验教学示范中心的建设目标。

《报刊电子编辑实验教程》正是依托暨南大学国家级媒体实验教学示范中心的实验教材建设项目而编写的，将 12 年来暨南大学"报刊电子编辑"专业课程的教学经验融入其中。教材主要介绍了国内报业主流编辑软件"方正飞腾"的最新版本"创艺 5.0"的操作方法。配合新闻史料、编辑学理论、国内外大报经典版面、历届学生作品等素材，按照实验内容、实验目的、实验步骤、实验总结的体例编写。以读者能够借助教材独立制作出报纸产品和杂志产品为目标，力求做到有史实，有趣闻，有表格，有图片，有成功案例，也有失败案例。语言通俗易懂，如师生的日常对话；操作步骤简单实用，充满了报刊编排的小窍门和小技巧，方便读者自学。

本书由以下三位负责电子编辑实验教学的高校教师执笔。

梁美娜（暨南大学新闻与传播学院，国家级媒体实验示范中心实验员）担任本书主编，负责全书策划和统稿，执笔第六章、第七章。

肖伟（暨南大学新闻与传播学院副教授，中国人民大学新闻学院 2008 级博士生），执笔第三章、第四章、第五章。

胡丹（南昌大学新闻与传播学系教师，暨南大学新闻与传播学院 2009 级博士生），执笔第一章、第二章。

编者

2012 年 5 月 11 日

目　录

Contents

总　序 ……………………………………………………………… 1

前　言 ……………………………………………………………… 1

1　报刊电子编辑概述 ……………………………………………… 1

　1.1　报刊电子编辑的历史沿革 ………………………………… 1

　1.2　走进方正出版系统 ………………………………………… 15

　1.3　飞腾创艺 5.0 对飞腾系列排版软件的变革 ……………… 16

2　飞腾创艺 5.0 快速入门 ………………………………………… 19

　2.1　实验一：飞腾创艺 5.0 安装 ……………………………… 19

　2.2　实验二：认识飞腾创艺工作区 …………………………… 23

　2.3　实验三：七个步骤教你制作杂志封面 …………………… 24

3　文字编辑 ………………………………………………………… 33

　3.1　实验一：文字块操作 ……………………………………… 33

　3.2　实验二：文字属性和文字特效 …………………………… 40

　3.3　实验三：文字排版 ………………………………………… 49

4　图形与图像操作 ………………………………………………… 62

　4.1　实验一：图形操作 ………………………………………… 62

　4.2　实验二：图像处理 ………………………………………… 74

5　颜色编辑和表格排版 …………………………………………… 87

　5.1　实验一：颜色编辑 ………………………………………… 87

5.2 实验二：表格排版 ⋯⋯⋯⋯⋯⋯⋯⋯⋯⋯⋯⋯⋯⋯⋯ 94

6 报纸编辑实验项目 ⋯⋯⋯⋯⋯⋯⋯⋯⋯⋯⋯⋯ 115

6.1 实验一：对开报纸版面的模仿制作 ⋯⋯⋯⋯⋯ 115

6.2 实验二：四开报纸版面的模仿制作 ⋯⋯⋯⋯⋯ 131

6.3 实验三：要闻头版设计 ⋯⋯⋯⋯⋯⋯⋯⋯⋯ 142

6.4 实验四：专题版面设计 ⋯⋯⋯⋯⋯⋯⋯⋯⋯ 164

6.5 实验五：副刊版面设计 ⋯⋯⋯⋯⋯⋯⋯⋯⋯ 179

7 杂志编辑实验项目 ⋯⋯⋯⋯⋯⋯⋯⋯⋯⋯⋯⋯ 194

7.1 实验一：16 开杂志封面设计 ⋯⋯⋯⋯⋯⋯⋯ 196

7.2 实验二：16 开杂志目录设计 ⋯⋯⋯⋯⋯⋯⋯ 213

7.3 实验三：杂志内页设计 ⋯⋯⋯⋯⋯⋯⋯⋯⋯ 225

参考文献 ⋯⋯⋯⋯⋯⋯⋯⋯⋯⋯⋯⋯⋯⋯⋯⋯⋯⋯ 243

后　记 ⋯⋯⋯⋯⋯⋯⋯⋯⋯⋯⋯⋯⋯⋯⋯⋯⋯⋯⋯⋯ 244

1 报刊电子编辑概述

1.1 报刊电子编辑的历史沿革

英文中编辑一词的区分十分明了，有"edit"、"editor"、"editorship"，分别指编辑行为（动词）、编辑工作者（名词）、编辑工作（名词）。在汉语中，编辑一词集编辑行为、编辑工作者、编辑工作三种含义于一身，因此，也就有了三种内涵：

（1）编辑是指对他人现有的作品和资料进行整理和加工，使之适合传播目的与复制要求的精神劳动。这是从编辑是一种行为的角度而言的。

（2）编辑是指在对他人现有的作品和资料进行整理和加工，使之适合传播目的与复制要求的精神劳动过程中的工作者。例如，报纸编辑包括总编、编辑部主任、版面编辑等，日班编辑、夜班编辑。他们根据不同的职责，承担不同的工作。这是从编辑是工作者的角度而言的。根据《出版专业人员职务试行条例》，编辑从业人员（含美术编辑）设编审、副编审、编辑、助理编辑等职务。

（3）编辑是指从事对他人现有作品和资料进行整理和加工，使之适合传播目的与复制要求这样一种精神劳动的社会职业。

探索我国报刊编辑的历史源头，须追溯至报刊的源头。

1.1.1 报刊编辑的萌芽时期

我国自唐代起出现的进奏院报，宋代时发展成为比较成熟的中央官报，一直延续到清末。期间，朝代不同，官报的名称也不一，如"邸报"、"朝报"、"京报"等。

"邸报"盛行于宋代，由中央委任的官吏负责对朝廷公布的诏令章奏等内容进行有选择性的抄写，再报送给相关的地方政府。这种选择性的抄写，已然是一种稚嫩的编辑行为。

唐宋时期，中央政府专门设置"朝报"，每天发布朝廷新闻，以报道朝廷大事为主要内容，由门下省对信息进行审查与取舍。门下省就成为朝报的编辑机构，主编由给事中担任，宰辅必须对内容进行审核。"朝报"允许公开出售，但是中央政府为提防内容被随意增删，还规定朝报需有"承发朝报保头人"①。可见，在报纸编辑的萌芽时期，就已经出现了"把关人"。

北宋中期以后，出现了一种非官方"小报"，最初由邸吏用小纸条向外传递进奏院的信息而得名。南宋中叶后，小报的编辑者扩展到民间人士，他们通过各种关系和手段，探听官方的新闻、收集街市上的传闻，杜撰引人关注的意见，通过手抄或印刷出版，在民间售卖，很受欢迎。杜撰意见是对信息的重新加工和修改，这属于比较重要的编辑工作。

清朝初年，"京报"成为官报，有自己固定的报头，政府甚至默许民间报房进行编辑发行。清末，政府设强学书局，局中刊行《官书局报》与《官书局汇报》，编辑内容突破了原有的诏令章奏，开始登载"新事新艺"②。

在封建专制政权的控制下，尽管官报与小报的编辑工作已经具备了现代编辑工作的一些属性，但其编辑技术条件、编辑内容及方法的发展有着很大的局限性。例如，北宋以前的官报主要依靠手抄的方式进行复制，不但影响编辑速度，而且不利于发行范围的扩大，直到毕昇发明胶泥活字印刷术后，官报的出版条件才得以改善；朝报、邸报的信息源非常狭窄，读者对象也被限定在一定的范围内，不具备近代报纸所具有的面向大众出版发行的重要功能；小报为政府所禁止，为求得生存，经常模拟官报的编写样式，这极大地束缚了编辑工作的创新。

1.1.2 近代报刊编辑事业的快速发展

1.1.2.1 鸦片战争前后编排技术的迅速更新

鸦片战争前后，中国门户对外开放，近代报刊编辑事业逐渐发展起来。1815年，英国传教士马礼逊创办了我国第一份中文近代报刊《察世俗每

---

① 姚福申.中国编辑史.上海：复旦大学出版社，2004.157.
② 戈公振.中国报学史.上海：上海古籍出版社，2003.63.

月统记传》，该刊物不同于官报，编者可根据刊物的性质自由撰稿和选稿，传播目的也非常明确——进行宗教和西学传播，达到文化入侵与渗透的目的。受技术条件的限制，《察世俗每月统记传》采取木版雕印。

随着西方先进技术的传入，我国开始出现铅印出版机构。墨海书馆是上海第一家铅印机构，著名的报刊政论家王韬服务于该机构十三年，他的著作《瀛海杂志》就是由墨海书馆出版的，上海最早的铅印杂志《六合丛谈》也是由墨海书馆承印的，印刷质量很好。墨海书馆的印刷机器很笨拙，动力是一头老牛，这种半机械化的印刷技术，使近代编辑业务彻底脱离了古代原始的手抄、雕版、活版印刷复制方式。1859 年，美国传教士在宁波试制成功电镀汉字模，从此，铅字印刷取代木活字在中国的报刊排印中得以应用。

1869 年，上海土山湾印书馆引入了捷克人发明的石印技术。申报馆的美国老板美查觉得有利可图，于是聘请技师开办了点石斋印书局。利用这种技术，1876 年，美查创办了中国第一家石印画报——《点石斋画报》，该报聘请吴友人担任画师，吴友人以时事新闻为题材，用图画来说明新闻，通俗易懂，深受读者欢迎。

1.1.2.2 维新运动时期的报刊编辑水平不断进步

维新运动时期，我国出现近代第一次国人办报高潮，以上海为中心，出现了一批文人办的报纸，如《指南报》、《游戏报》、《笑报》等。这些报刊的创办人和主编都是当时著名的作家，如李伯元。这时期报刊编辑水平得到不断进步和提高。维新派所办的报刊在编辑业务上较外国传教士所办的报刊有很大改进。梁启超主持的《时务报》上刊登的稿件，条理清楚，极有文采；1898年5月，维新派在上海创办《时务日报》，其版式突破了过去报纸一行到底的形式，采取四开小报的开张，每个版面上下分成四栏，将报上新闻分成电报、各国新闻、外埠新闻三大类，各大类分别标以国名、城市、区域，版面分栏、新闻分栏，这种编排方法奠定了现代报纸版面设计的基础。然而，这种形式的版面当时不能为中国人接受，随后出版的《申报》、《大公报》依然采取账本或书本形式。

1.1.2.3 辛亥革命前夕报刊形式的改良

19世纪末20世纪初，我国出现了与现代版面相近的报刊形式。

1900年1月，孙中山领导的兴中会在香港出版了第一份革命刊物《中国日报》，版面接近对开，分栏排版，版式与现代报纸一致。

1898 年戊戌政变之后，梁启超逃亡到日本。他在横滨创办了保皇派的机关报《清议报》，采取白报纸两面印刷，以线装书的形式出版。这样一来，版面编排、标点符号等应用矛盾就凸显出来，从而促进了新式标点和横排版面的改革。

1.1.2.4 民国初年报刊编辑事业受阻

民国初年，袁世凯及其北洋军阀政府颁发《出版法》及《报纸条例》，其中规定：凡是年满二十岁以上的中国国民都可以充当报纸的发行人、编辑人和印刷人，但是学校学生与精神病患者、被剥夺公民权的犯人等都没有资格充当发行人、编辑人和印刷人。

在独裁政府的钳制下，许多进步报刊被查封、没收，鸳鸯蝴蝶派的期刊、御用报纸和黄色小报、戏剧刊物却盛行其世，著名的有《礼拜六》周刊、《眉语》、《小说丛报》月刊、《女子世界》月刊，这些报刊多刊登一些低级庸俗的内容以迎合市民阶层的需要。

1.1.2.5 五四时期"为之一新"的报刊编辑活动

辛亥革命的成果被袁世凯窃取之后，一批激进的资产阶级民主派知识分子经过反思终于意识到，必须发动一场轰轰烈烈的反对封建主义、宣扬科学与民主的运动，才能使中国摆脱几千年封建思想牢笼的束缚，新文化运动在这种背景下应运而生。1915 年，陈独秀在上海创办《新青年》杂志（创刊第一卷名为《青年杂志》，第二卷在袁世凯死后刊发，改名为《新青年》）。在《敬告青年》的发刊词中，陈独秀号召人们以"民主"、"科学"为旗帜，反对封建专制，反对旧文化。1917 年，《新青年》迁往北京，实行多位编辑轮流负责制，陈独秀、钱玄同、胡适、李大钊、鲁迅等人都参与了编辑工作。

自第四卷起，《新青年》率先使用白话文和新式标点符号，并且打破一排到底的编排样式，分段编排，使文章层次分明。《新青年》开风气之先，当时的出版界很快接受了这样的编辑方法，这对五四时期乃至现代新闻编辑事业都有着深远的意义。同时，《新青年》发动批孔与文学革命运动，随着实际斗争的向前推进，编辑思想越来越进步。从1921年中国共产党成立到1926年《新青年》停刊时，《新青年》逐渐演变为由共产党领导、以宣传马克思主义为主要内容的理论性刊物。它深刻地影响和教育了一大批革命青年，在中国编辑史上树立了一座巍峨的丰碑。

在新文化运动浪潮中，我国涌现了一大批以传播新文化为主的刊物，著名的有《每周评论》、《少年中国》、《星期评论》等。同时，上海、北京等地报刊纷纷进行副刊改革，一扫北洋政府钳制下的庸俗淫靡文风，加强时事和评论的报道，提倡自然科学、历史、技术知识等新文化的传播，其中，以上海《时事新报》的《学灯》、《民国日报》的《觉悟》、北京《晨报》的《晨报副镌》、《京报》的《京报副刊》最为著名。全国新闻编辑出版界面貌为之一新。

1.1.2.6　红色报刊的编辑出版特色

"红色报刊"的编辑出版时期，是指自中国共产党成立至新中国成立这一段历史时期（1922—1948年）。它的出版物种类，包括中国共产党机关及各个革命根据地、解放区出版发行的各种报刊资料。

"红色出版物"之所以称为红色，是因为它们在十分艰苦的战争年代出版发行，有着鲜明的立场、观点和理论思想，在二十多年的奋斗历史中，它们宣传真理，推动革命斗争的发展，对革命事业起着不可估量的作用。在非常时期，由于政治斗争的需要，不少书、报刊不得已进行伪装以获得发行机会，成为编辑出版史上的奇特现象。

1. 中共中央机关报

从中国共产党成立，历经十年内战、抗日战争、解放战争时期，中共中央总共创办了八种中央机关报，分别是《向导》周报、《红旗》、《红旗日报》、《红色中华》、《红星》、《新华日报》、《解放日报》、《人民日报》。

这些中共中央机关报主要的编辑特色体现在：

第一，编辑意图明确，创刊目的与拯救国家命运休戚相关。

《向导》周报发刊词指出："本报同人依据以上全国真正的民意及政治经济的事实所要求，谨以统一、和平、自由、独立四个标语呼号于国民之前。"

《红旗》发刊词指出："我们高举的是红旗，那是千千万万革命先烈的鲜血所染红的。如果有人胆敢玷污这面旗帜，我们就和他战斗到底……革命已死！革命万岁！"

《红色中华》发刊词指出："发挥中央政府对于中国苏维埃运动的积极领导作用，达到建立巩固而广大的苏维埃根据地，创造大规模的红军，组织大规模的革命战争，以推翻帝国主义国民党的统治，使革命在一省或数省首先胜利，以达到全国的胜利。"

《解放日报》发刊词指出："本报之使命为何？团结全国人民战胜日本帝国主义一语足以尽之。"

《人民日报》在 1948 年创刊词中提到："动员与组织华北四千四百万人民成为统一的力量，更有效地去支援全国人民的解放战争……"

第二，注重评论，尤其注重对重大政治事件进行评论，发挥报纸的战斗作用。

在革命历史年代，中央机关报都特别注重发挥报刊的宣传指导作用，例如，《向导》周报几乎每期都有时事评述、评论等栏目，并且出现了大批杰出的政论家，如毛泽东、李大钊、陈独秀、恽代英、胡乔木、邓拓等。著名评论有《为笔的解放而斗争》、《与大公报论国是》、《可耻的大公报社论》、《蒋方军事五大弱点》、《蒋军必败》、《一切反动派都是纸老虎》等。

第三，注重联系读者群众。注重与群众、读者的联系，是党的报刊的传统特色。

《红旗日报》在宣言中说："本报是中国共产党中央委员会的机关报，同时是中国广大工农劳苦群众之唯一的言论机关。"

《红色中华》的"读者通讯"专栏专门刊登读者对报纸的批评建议，该报文艺副刊"赤焰"就是应读者来信要求而设置的。

早期延安《解放日报》和重庆《新华日报》敢于公开向群众承认自己的错误，并在报纸上公开刊登启事征求读者的批评意见。

《解放日报》建立了广大的通讯网，到 1944 年 1 月，在边区有通讯员近2 000人，其中工农兵通讯员有 1 100 多人，形成了"主力"（记者）、"民兵"（基干通讯员）和"自卫队"（通讯员）三位一体的党报工作队伍，使党报工作中的群众路线得到了切实的贯彻。

《新华日报》辟有"大众信箱"（后改称"读者信箱"）专栏，并在报上刊载"读者意见表"，组织读者会。不仅如此，《新华日报》每逢创刊周年之前，都会集中进行征求读者意见的活动，以不断改进报纸的工作。《新华日报》一直坚持"人民的报纸"的办报方针，还发过一篇《人民的报纸》的社论。社论指出："一定要继续不断的进步，真正成为属于人民、为了人民的报纸。"《新华日报》切实反映群众的呼声，国统区的人民群众都亲切地称《新华日报》为"我们的报纸"。

1948 年，毛泽东在《对晋绥日报编辑人员的谈话》中强调了这一传统："我们的报纸也要靠大家来办，靠全体人民群众来办，靠全党来办，而不是只靠少数人关起门来办。"

第四，强调政治家办报。

《向导》周报自创刊伊始就宣告："《向导》是中国共产党的政治机关报"，明确指出了报刊的阶级性。虽说政治家办报是毛泽东 1957 年提出的观点，但是在革命的年代，党报始终坚持党的领导人对报纸的指导与领导，期间虽然受过"左"倾和"右"倾主义的影响，但是，报纸的领导权始终掌握在中国共产党的手中。因此，对于中央机关报来说，政治家办报确是实实在在存在着的。

1942 年，中国共产党在延安开展整风运动，毛泽东提出"各级党组织都应当利用《解放日报》（延安），这是党的机关的一项业务和责任"的观点。

1944 年 2 月 16 日，《解放日报》在纪念创刊 1 000 期时发表的社论中，首次提出"全党办报"这一概念，并指出这是办报的一条重要经验。

1948 年 4 月 2 日，毛泽东接见《晋绥日报》的编辑人员，阐明了全党办报和群众办报的关系。

2. 其他报刊

（1）中国共产党成立之初：

出版单位或发行地区	刊　名
中共发起组织	《共产党月刊》
中央和地方的党组织	《劳动周刊》、《工人周刊》、《先驱》、《青年周刊》、《前锋》、《中国青年》（中国社会主义青年团中央机关报）等

这些报刊的编辑特色主要体现在：

第一，指导目的明确。

《共产党月刊》探讨将马列主义理论与中国革命实践相结合，旨在对建党工作起到宣传和组织作用；《中国青年》旨在和当时影响青年的各种反动思潮作斗争，引导青年走革命救国的道路；《工人周刊》旨在加强对工人群众的宣传鼓动工作，并指导工人运动。

第二，宣传报道重视读者调查、注重事实的报道。

恽代英主持《中国青年》期间，多次发动"到民间去"的大规模农村调查，反映工农的现实生活。

（2）十年内战时期：

出版单位或发行地区	刊 名
国统区中共地下报刊	《中央通信》、《布尔塞维克》、《中国青年》、《中国工人》、《上海报》、《红旗》等
革命根据地的报刊	《时事简报》、《红军日报》、《红军报》、《工农兵》（报纸）、《右江日报》、《浪花报》、《红星》（此时为中国工农红军军事委员会机关报）、《斗争》（中国共产党苏区中央机关刊物）、《青年实话》（中国共产主义青年团苏区中央局机关刊物）、《苏区工人》（中华全国总工会苏区执行局机关报）、《战斗》、《党的建设》、《布尔什维克》、《苏维埃文化》、《红的江西》、《反帝拥苏》、《工农日报》、《反帝周报》、《洪湖日报》、《红色西北》、《布尔什维克的生活》、《陕甘宁省委通讯》等
各根据地党政军组织	《湘赣红旗》、《红旗日报》、《工农日报》、《红色东北》（报纸）、《苏维埃》、《挺进》、《红色战场》、《火线》、《猛进》、《红色战线》等

这些报刊的编辑特色主要体现在：

第一，地下报刊使用巧妙伪装、变换脸谱的装帧技巧。

1927 年，国民党叛变革命，并开始大量屠杀共产党人。在白色恐怖下，中国共产党主办的和其他倾向共产党的进步书刊，遭到国民党反动派的压制，无法正常出版。为了获得出版机会，国统区中共地下报刊封面被巧妙地改装，内页内容则不变，成为这一非常时期奇特的编辑出版现象。例如，《布尔塞维克》曾用过《少女怀春》、《中央半月刊》、《新时代国语教授书》、《中央文化史》、《金贵银贱之研究》、《经济月刊》、《中国古史考》、《平民》、《虹》等九种伪装封面；《上海报》换用过《白话日报》、《天声》、《晨光》等名称；《中国工人》曾用《红拂夜奔》、《南极仙翁》、《爱的丛书》等伪装封面；《中国青年》曾用《青年半月刊》、《美满姻缘》等伪装封面。

第二，根据地报刊采取因地制宜的编辑方针。

根据地在残酷的斗争中，缺乏印刷器材和纸张，于是，采取了因地制宜的编辑方针。例如，《红旗日报》采取刻写蜡纸油印，甚至用两张 8 开的纸张拼接成 4 开的版面。

由于书籍的编印周期太长，根据地报刊担任着主要的政策宣传和鼓动工作，甚至兼负起了工作简报和大众文化教材的任务。例如，《红星》、《青年实话》刊物中的内容，不仅包括了新闻、评论、副刊性材料，还包括了党的文件和文化教材。

（3）抗日战争时期：

出版单位或发行地区			刊　名
延安抗日根据地（1939—1941年）			《解放》周刊、《八路军军政杂志》、《中国青年》、《中国妇女》、《共产党人》、《中国工人》、《中国文化》、《边区群众报》、《今日新闻》、《新文字报》、《前线周刊》、《红星杂志》等
敌后抗日根据地	华北敌后抗日根据地	晋察冀抗日根据地	《晋察冀日报》、《救国报》、《新长城》、《子弟兵》（报纸）、《晋察冀画报》、《冀中导报》、平西《挺进报》、《抗敌周报》、《群众杂志》等
		晋冀鲁豫抗日根据地	《新华周刊》、《晋冀豫日报》、《太岳日报》、《晋鲁豫日报》、《冀南日报》、《战斗》、《华北文化》、《抗战生活》等
		山东抗日根据地	《大众日报》、《大众报》、《滨海日报》、《渤海日报》、《鲁中日报》、《鲁南日报》、《大众》、《山东文化》等
		晋绥抗日根据地	《抗战日报》、《战斗报》、《战斗月刊》、《晋西大众报》等
	华中敌后抗日根据地		《抗敌报》（新四军军部机关报）、《江淮日报》、《盐阜报》、《盐阜大众报》、《拂晓报》、《七七报》、《淮南日报》、《江淮》（杂志）、《实践》、《抗敌》（杂志）等
	华南敌后抗日根据地		《新百姓报》、《东江民报》、《抗日新闻》等
国民党统治区			《群众》（中共公开机关报刊）、《战时青年》半月刊（中共中央南方局青委主办）、《世界知识》、《战时文化》、《民主》、《民族战线周刊》、《前敌周刊》、《国民公论》、《救中国周刊》、《观察日报》（中共湖南省委领导创办）等
大后方、上海孤岛			《中国学生导报》（中共中央南方局青年组）、《译报》、《每日译报》、《导报》、《华美晨报》、《时事政治期刊》、《华美》、《译报周刊》、《文献月刊》、《职业生活》、《导报增刊》、《时论丛刊》、《学习半月刊》、《上海周报》、《求知文丛》、《知识与生活》、《时代杂志》、《时代周刊》、《苏联文艺月刊》等

这些报刊的编辑特色主要体现在：

第一，以洋商的名义公开合法地出版党中央的文件与公告。

为避免敌伪新闻检查，中共在上海地区的很多报纸采取以洋商的招牌公开合法地出版抗日报纸，如《每日译报》、《导报》、《译报周刊》、《文献月刊》，实际上是直接在党的领导下的报刊。毛泽东的《论持久战》、《论鲁迅》，周恩来的《论保卫武汉及其发展前途》，朱德的《论第三期抗战与华北》、《中共扩大的六中全会特辑》等中共领导人的文章和党中央的文件与公告得以在这些报刊中刊出。

第二，版面编排策略也成为斗争手段。

在国统区，国民党为限制红色报刊的出版发行，制定了严酷的审查制度，并在暗地实施迫害阴谋。为了获得出版自由，编辑在版面上采取"开天窗"、故意用符号提醒读者版面某处有被审查删除的内容，甚至采取"更正"、"启事"的编排手段，将被删除的内容重新刊出；编写稿件时，着力挑选暴露国民党独裁以及言行不一的稿件。这些版面编排策略，具有强烈的斗争性。

第三，因地制宜办报和紧密联系群众。

抗日根据地的办报物质条件依然很艰苦，因此，因地制宜依旧是办报的传统，许多报社采取自力更生的办法，自己生产土纸、油墨、印刷机来办报。《晋察冀日报》甚至创造出轻便的铅印机，适应在游击战中出版报纸，被称作"八匹骡子办报"精神。尽管报刊纸张很差，印刷质量也不高，但是编辑们认真负责的态度使得报刊的整体设计效果很好。

群众是根据地报纸能够在困难重重的情况下依然坚持出版发行的后备力量。山东《大众日报》提出"群众写"、"写群众"的口号，1943年建立起了一两千人的办报队伍，植根于群众，取得了群众的信任。在最残酷的斗争形势下，群众依然支持着红色报刊的发行工作，很多报刊甚至不需要专门的送报人员，就能迅速分发到各个发行点。而紧密联系群众也成了根据地办报的一条重要经验。

（4）人民解放战争时期：

出版单位或发行地区		刊　名
国统区		《文萃》、《群众》、《解放》等
解放区	晋察冀解放区	《晋察冀画报》、《冀中导报》、《晋察冀日报》、《工人日报》等
	晋冀鲁豫解放区	《冀南日报》、《冀鲁豫日报》等
	东北解放区	《辽东日报》、《西满日报》、《黑龙江日报》、《胜利报》、《松江新报》、《牡丹江日报》、《新嫩江报》等
	其他解放区	《抗战日报》（后改名为《晋绥日报》）、《大众日报》、《七七日报》等

这些报刊的编辑特色主要体现在：

第一，宣传报道方针坚持强烈的革命色彩，前仆后继，不畏险阻。

1946年，国民党政府发动了全面内战，在国统区的红色报刊依然坚持报道战局、分析形势，揭露反动派的政治骗局，并宣传中共的方针政策、指导学生爱国运动。国民党大肆查禁红色及进步报刊，不少进步编辑被捕，在重庆《新华日报》、《群众》周刊被迫停刊后，《文萃》杂志马上代替《群众》周刊担当起党刊的重任，但不久就被迫转入半地下状态，最后只能以小册子的形式出版。这期间依然成功地完成了报道任务，其编辑陈子涛、印刷人骆何民、发行人吴承德不幸牺牲。国统区进步新闻工作者为争取新闻自由，联合16家杂志社发动了拒检运动，取得了一定程度的胜利。

第二，军事报道成为报纸选稿一大特色。

解放战争时期，最具有特色的报道内容当属军事报道。其中，尤其以新华社的军事宣传为最。解放区的报纸纷纷进行军事稿件的组织、选择和审改工作，军事报道成为广大读者密切关心的头等重大新闻。

第三，报纸编辑方针进行调整。

随着解放战争的节节胜利，为了使新解放城市的报纸宣传工作能够顺利展开，红色报刊的编辑方针根据中央的指示作了相应的调整：传播内容适当向经济报道倾斜；帮助被接管新闻单位转变报道立场；读者对象的范围扩大，不仅包括农民、工人，还包括干部、知识分子、工商业者。

第四，强调编者的素质。

1947年，解放区开展了反"客里空"运动，指出编者、作者对新闻报道采取不实事求是的态度。1948年4月2日，毛泽东发表《对晋绥日报编辑人员的谈话》。同年10月，刘少奇发表《对华北记者团的谈话》，都提出了新闻工作者应加强自身学习，提高自身素质的理论。这说明，在人民战争胜利前夕，报刊编辑的素质是各大红色报刊和中央领导机关都十分重视的问题。

1.1.3 报刊编辑事业迈入新时代

随着近代社会的发展和科技技术的不断进步，报刊编辑技术经历了一个手抄、木活字排版、铅字排版的历史进程；随着现代社会的到来，报刊编辑也迈入新纪元，电子技术的发明宣告了电子排版时代的到来。

1.1.3.1 新中国报刊编辑工作蹒跚起步

新中国成立后，政府开始对编辑出版事业进行整合与改进，取缔了许多国民党留下的编辑出版机构和一些私营出版机构，并着手对报刊业进行整顿。

1950年，我国新闻工作会议召开，提出了改进报刊新闻事业的方针：联系实际、联系群众、开展批评与自我批评。这一时期，报刊体制与编辑部的组织结构发生了一定的变化：报社开始实行总编负责制，设立编辑委员会，总编对党委负责，一套完整的编审制度在报社建立起来。

1951 年 6 月 6 日,《人民日报》发表了毛泽东的社论《正确使用祖国的语言,为语言的纯洁和健康而斗争》。同年 9 月,《人民日报》用整版发表出版总署发布的《标点符号用法》。全国掀起了整顿报刊版面的活动,报刊版面采用新式标点符号,语言也越来越规范化,并由传统的直排到底改为横排,这是一项重大的改革。

编辑出版工作的各种规章制度也在此时建立和实行,使各编辑部门的工作有了依据,这些改革成就都意味着新中国报刊编辑工作逐步走向规范化。

1956 年 5 月,中共中央宣传部长陆定一在全国宣传工作会议上作了题为《百花齐放　百家争鸣》的讲话,号召编辑出版工作执行"双百"方针,这极大地活跃了编辑工作者的思路,一时间报刊的稿件内容变得丰富多彩,质量大大提高。然而,反"右"派斗争的扩大化又将许多优秀的报刊编辑工作者错划为"右"派分子,如《光明日报》总编储安平、《文汇报》总编徐铸成,混乱的局面使新闻出版界一度成为反"右"斗争的重灾区,一度繁荣的编辑出版事业受到打击。1958 年掀起的"大跃进",也严重地阻碍了报刊的健康发展,许多报刊的版面编排与稿件组织都充斥着浮夸风,一些不懂编辑业务的人混进了编辑队伍。1960 年后,中央开始纠正错误,但随之而来的文化大革命,将好不容易建设起来的新中国编辑出版事业和成绩化为乌有。

1.1.3.2 "文革"时期的报刊编辑情况

文化大革命带给新闻编辑出版事业的是毁灭性的打击,不少地方报纸受到造反派的冲击一度中断出版或停刊,许多报刊在这个时期纯粹成为阶级斗争的工具,"公审"、"声讨"、"枪毙"等词汇频繁出现在新闻报道中,包括《解放日报》、《光明日报》、《人民日报》在内的机关报,都成了政治批判运动的主要阵地,被政治团伙充分利用而充当审判者的角色,制造出了大批冤假错案。"胡风反革命集团"、刘少奇、邓拓、吴晗、廖沫沙,无不被媒体批评指责,终至被政治定性。许多著名编辑家和大批新闻编辑出版工作者在"文革"中被调离工作岗位、下放或遭迫害致死,造成"文革"后编辑人才极度缺乏。

这种情况一直延续到 20 世纪 70 年代末期,报刊传媒作为阶级斗争工具,担当着特殊意识形态下审判者的角色。

1.1.3.3 改革开放后编辑工作迈入网络时代、数字时代

1976 年,随着"四人帮"的垮台,我国编辑出版业结束了长达十年的浩劫,编辑出版事业开始复苏。改革开放后,编辑出版事业以前所未有的速度发展起来。为了弥补编辑人才的短缺和建设一支适应新时期编辑出版事业发展需要的编辑队伍,文化部制定了《出版专业人员职务试行条例》和《关于〈出版专业人员职务试行条例〉的实施意见》。首次为各级编辑职务设定了严格的任职条件,规定编辑职务分成编审、副编审、编辑、助理编辑四个档次,美术编辑的职务名称与编辑职务相同,技术编辑职务设立技术编辑、助理技术编辑和技术设计员三个档次。这种明确的规定对我国新闻编辑出版业的规范化有着

重要的意义。

从新中国成立到 1986 年，我国报纸编排一直采取铅排，报纸一直沿用用笔写稿的传统生产工艺。1974 年，我国国家一机部组成工程组，启动了旨在使汉字进入计算的"748"工程；1979 年 7 月，华光 I 型排出了 8 开的报纸底片；1985 年，国产华光计算机激光编辑排版系统华光 III 型成功推出；1986 年，大报版激光照排机研制成功；1987 年，《经济日报》运用华光 III 型成功出版了世界第一张采用计算机编排、激光照排、整面输出的中文报纸，这意味着我国报刊彻底告别"铅与火"的时代，迎来"光与电"的新纪元。

1992 年，北大方正、华光以图文合一、整版输出为特点的彩色报纸编排系统开始在报社使用。1994 年，北大方正飞腾组办软件 1.0 发布，经过不到 10 年的时间，北大方正飞腾 4.1 已经面世，计算机激光编排系统在我国报社、杂志社得以普及使用。21 世纪伊始，北大方正飞腾创艺 5.0 就被推出，我国报刊编辑出版技术已经迈入以计算机为基础的数字时代。

20 世纪 60 年代肇始的因特网迅猛发展，实现了全世界的互联网连接，这也改变了我国报刊编辑的工作流程，编辑工作在迈入数字化的同时，也迈入了网络时代。编辑记者利用网络浏览信息、整理信息、发送信息，甚至从中取得新闻素材；利用新兴排版软件进行新闻图片的数字化处理、新闻稿件中文字的各种特殊效果制作；版面的各种图案美化装饰……报刊电子编辑开始盛行世上，揭开了人类印刷业的新纪元。

可以说，报刊电子编辑是指依托计算机技术及现代网络通信技术，对现有的稿件进行搜集、选择、整理和加工，使之适合报纸传播目的与复制要求的精神劳动。传统的新闻编排工作完全依靠纸和笔，传递稿件、排字和拼版都依靠人工进行，速度相当缓慢，排版效果也受到很大限制。电子技术的引进，使得报纸编辑的各项工作流程得到了极大的简化，这可以从铅字印刷排版、电子排版的报纸编辑工作流程图的对比中得到印证。

铅排报纸编排流程图

印刷纸质报纸 ← 制PS版 ← 接校胶片 ← 激光照排出胶片 ← 组版工人改清样 ← 再出激光大样校对 ← 组版工人电脑改版 ← 编辑修改大样 ← 编辑副主任、总编辑审改大样 ← 激光印字机输出版面大样 ← 组版工人在组版机上组版 ← 编辑用版样纸画纸样↑扫描仪扫描图片文件 ← 文字稿初核 ← 打印小样 ← 录入员用录入机录入稿件小样 ← 总编辑审稿、改稿 ← 编辑第二次改稿 ← 副主任审稿、改稿 ← 编辑选稿、改稿 ← 记者、通讯员采写稿件、社外来稿

不依托网络电子报纸编排流程图

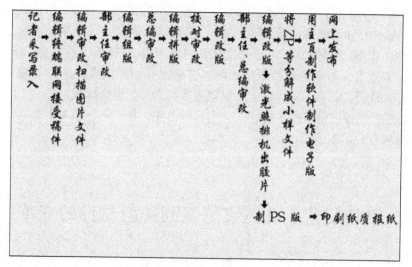

网上发布 ← 用主页制作软件制作电子版 ← 将ZIP等分解成小样文件 ← 编辑改版↓激光照排机出胶片 ← 部主任审改 ← 总编审改 ← 编辑拼版 ← 校对审改 ← 编辑改版 ← 编辑组版 ← 编辑审改扫描图片文件 ← 部主任审改 ← 总编审改 ← 编辑终端联网接受稿件 ← 记者采写录入

制PS版 → 印刷纸质报纸

依托网络电子报纸编排流程图

1.2 走进方正出版系统

　　北大方正出版系统是目前印刷行业中使用最广泛、功能最强大的排版软件，广泛运用于专业出版印刷领域及办公室自动化领域，可以进行报纸、图书、杂志、广告等平面印刷的排版工作。国内常见的排版软件有方正飞腾、方正维思、

PageMaker、QuarkXPress 等交互式排版系统，以及方正书版等批处理排版系统。

由方正技术研究院开发的方正飞腾集成排版系统，是在方正维思的基础上，继承了方正维思的所有优点研发而成的，作为方正桌面出版系统的重要组成部分，是大型的、面向对象的彩色排版软件，被目前国内外很多报社、杂志社、出版社、印刷厂和广告公司等印刷出版单位广泛使用。

方正飞腾集成排版 1.0 版本于 1994 年底发布。1995 年 4 月 12 日，飞腾 2.0 版软件通过了电子工业部的鉴定。1995 年 6 月，由软件行业协会和英特尔技术发展（上海）有限公司联合举办的首届中国 PC 机应用软件设计大奖赛中，方正飞腾排版软件获得了大奖赛的一等奖。1998 年 10 月，飞腾的 3.0 版本再次通过了信息产业部主持的鉴定，鉴定委员会认为："方正飞腾 3.0 版是一个优秀的排版软件，标志着我国电子排版领域最新的技术水平及成果，在中文排版方面的技术居国际领先水平。建议进一步加强推广应用工作。"

2006 年 11 月，香港《明报》运用方正飞腾创艺进行编排获得成功。2007 年 8 月，北大方正飞腾创艺 5.0 正式推出，将方正出版系统推向了一个新的高峰。

2008 年 5 月，方正飞腾创艺 5.01 在 5.0 版的基础上进行更新，新增并改进了多项功能，包括折手模板的加强、拼音字体的增加、打印功能的提高、稳定性和长文档处理效率的提升等方面。

2008 年 10 月 10 日，方正研发团队在 5.0 版的基础上推出新飞腾创艺 5.02 全新版本，融进了更多创新功能，在稳定性和开放性上也作了很大的改进，可以轻松实现中、英、日、韩、朝等多种文字的混合排版。

目前我国报社普及使用的方正飞腾排版系统，是方正飞腾 4.1 专业版及方正飞腾创艺 5.0 版。

1.3　飞腾创艺 5.0 对飞腾系列排版软件的变革

2007 年 8 月 16 日，方正飞腾创艺 5.0 版正式问世，这是一款集图像、文字、表格于一体的综合性排版软件，适用于报纸、杂志、图书、宣传册及广告插页等各类出版物的排版工作。飞腾创艺 5.0 延续了以往方正飞腾集成排版软件的操作习惯，可以兼容飞腾 3.X 和 4.X 等版本的文件格式，并可覆盖飞腾面向的所有客户。自此之后，"飞腾创艺"代替方正"飞腾"成为方正系列排版软件的用名。

从维思到飞腾，再从飞腾到飞腾创艺，北大方正研发的这款中文排版软件，经历了变革性的发展。

1.3.1 产品性能得到全面更新和优化

飞腾创艺采用 Unicode 编码，搭建了跨平台、跨语言的操作环境，它包含简体中文和繁体中文两个工作环境，能运行在 Windows2000/XP/2003 操作系统上，支持微软最新发布的 Vista 操作系统。以往的版本还无法达到这样的性能。另外，飞腾创艺还解决了以往版本无法解决的兼容问题，既可以兼容飞腾 3.X 和 4.X 系列产品，也可以实现未来版本的相互兼容。

比起以往版本，飞腾创艺新增输出 PDF、打包、预飞功能、支持无限步的 Undo/Redo 和灾难恢复等功能。

除了延续飞腾在文字处理和页面布局方面的优势外，飞腾创艺增加了大量阴影、羽化和透明等图形图像设计功能，融合了专业排版功能、色彩管理技术和图形图像处理功能，可以完成复杂、高端的印前作业。在输出流程上，飞腾创艺既可以输出 PS 文件，也可以输出屏幕、印刷和电子书等各种模式的 PDF 文件，方便输出和阅读。

飞腾创艺改变了以往飞腾无法多文档同时操作的缺点，支持多文档操作。在飞腾创艺 5.0 里可以同时编辑多个文件，并支持并排显示文档。

飞腾创艺 5.0 还可以无限制地撤销或恢复任何操作，包括文字操作、表格操作等，这比起飞腾 4.1 版中只可恢复六个步骤，确实有优势。

1.3.2 软件界面更人性化

飞腾创艺 5.0 改变了原有版本的窗口界面，提供浮动窗口和控制窗口，使操作更加直观、人性化。浮动窗口集中了飞腾创艺 5.0 大部分重要功能，通过浮动窗口可以随时预览设置效果。控制窗口集中了对象常用功能，根据选中对象显示相应参数，是可变的智能化操作界面。

另外，用户可以自由灵活控制排版区域。排版时，按 F9 键，屏幕可以在常规显示、简洁显示和全屏显示之间切换。按 F4 键，可以停靠所有的浮动窗口。并支持使用鼠标和轮滑缩放显示版面。例如，滚动轮滑，可以垂直滚动显示页面；按住 Shift 键滚动轮滑，可以水平滚动显示页面；按住 Ctrl 键滚动轮滑，可以缩放显示版面。

这些对界面的创新大大地方便了用户，设计得非常人性化。

1.3.3 图形图像处理功能有极大提升

飞腾创艺 5.0 不但适合报纸、杂志、图书等方面的用户，还能拓展到广告制作等其他相关行业。此外，新品还实现了软插件技术运用上的创新。在图形、图像和色彩方面的运用也取得了重大突破，这些功能将使其更好地面向平面设计制作等领域。

例如，飞腾创艺能快速对文字、图片等内容直接进行阴影、羽化、透明等处理，并提供属性吸管、钢笔、剪刀等诸多工具，实现所见即所得。

飞腾创艺提供轮廓互斥和边框互斥两种互斥类型，并能使用穿透工具编辑互斥区域。这是比以往版本更加完美的图文互斥。

飞腾创艺5.0提供的自动抠图、图元分割等功能，能令图形图像处理工作轻松快捷，避免频繁交替使用图形图像处理软件，大大提高了工作效率。

2 飞腾创艺5.0快速入门

2.1 实验一：飞腾创艺5.0安装

实验内容

安装飞腾创艺5.0。

实验目的

学会如何正确安装及运行飞腾创艺5.0，并了解飞腾创艺5.0所需要的系统配置和安装注意事项。

实验步骤

步骤一：确认计算机的安装环境

在安装前，确认该计算机的系统配置，看其是否符合飞腾创艺5.0的安装环境。一般而言，满足以下环境就可以顺利安装了！

一、硬件环境

主机：Pentium 4 以上的个人电脑。

内存：建议拥有512 MB 或以上。

硬盘：建议硬盘运行空间不少于2 GB。

显示器：15寸以上 LCD 显示器，显示器分辨率最低调至 1 024 × 768 像素，色彩品质最低设置为32位元。

显示卡：标准 AGP128M 显示卡。

二、软件环境

可以在 Windows 2000、Windows XP、Windows 2003、Windows Vista 系统下安装并运行。

三、输出环境

方正 PSPNT4.0。

步骤二：安装飞腾创艺 5.0 主程序

我们首先要将安装光盘置入光盘驱动器，自动启动安装程序，或双击安装目录下的 Setup. exe 文件，启动安装程序。按照安装向导的提示，一直单击"下一步"按钮就可以将飞腾创艺 5.0 安装在我们的电脑中了。

安装到最后一步的时候，系统会提示重新启动计算机。这个时候请注意，要将加密锁插入计算机的 USB 接口上，再重新启动计算机。

步骤三：认证

安装好主程序，插好加密锁之后，就可以启动飞腾创艺 5.0 了。注意，此时需要进行认证，如果此时选择"取消"也可以使用。若不认证，30 天后飞腾创艺会出现一个提示，要求你完成认证。

认证有两种情况：

一是单个加密锁的认证。单击计算机左下角"开始"——"所有程序"——"FOUNDER"——"方正飞腾创艺"，或双击桌面"方正飞腾创艺"快速启动图标，都会弹出用户认证对话框。

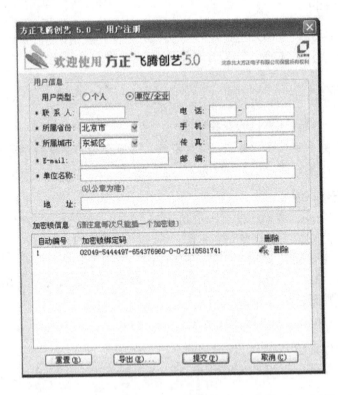

在这个对话框中，我们要填写"用户信息"。所有带"＊"号的区域都是必须要填的，不带"＊"号的区域可以选择性地填写。

在加密锁信息列表里将显示当前插在机器上的加密锁的信息，这就是需要认证的加密锁。注意，如果此时电脑里的 USB 接口上插有两个或两个以上的加密锁，系统是不能正常读取加密锁信息的。

点击"提交"开始认证。如果计算机是联网的，在线认证很快就可完成，我们就可以进入飞腾创艺版面当中。如果计算机没有联网，那就只能进行离线认证。方法是在"用户认证"对话框中单击"导出"，将用户认证信息导出为一个 TXT 文件，我们可以将这个文件通过 E - mail 或传真的方式传递给方正技术服务中心，索取一个后缀名为"dat"的"激活义件"。获取激活文件后，在飞腾创艺版面单击菜单"帮助"——"导入激活文件"，选择该文件即可完成认证。

二是多个加密锁的一次性认证。对于报社或学校实验室这样购买多套飞腾创艺的单位来说，每台计算机都进行逐个认证是一件非常麻烦的事情，有一个方法可以解决这个问题，那就是在一台计算机上统一完成多个加密锁的认证。方法是：启动飞腾创艺时打开"用户认证"对话框，或进入飞腾创艺版面后，选择"帮助"——"用户认证"来打开该对话框。填写用户信息，加密锁信息的对话框中会自动显示当前插在计算机上的加密锁。注意，每次只能插入一个加密锁进行认证，否则，系统不能正确读出加密锁信息。拔下前一个加密锁，插入第二个需要认证的加密锁，此时的"用户认证"对话框将加载第二个加密锁信息，依此方法继续，便可完成多个加密锁的认证了。如果需要删除加密锁，可点击 删除 。

完成所有加密锁信息的添加后，单击"提交"即可开始认证。在线认证和离线认证与单个加密锁认证方式相同。

认证结束后，启动飞腾创艺，选择"帮助"——"备份激活文件"，导出一个激活文件，多个加密锁的信息会同时记录在这一个激活文件当中。

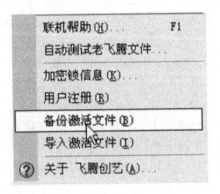

将激活文件分发到需要激活飞腾创艺的计算机上，进入飞腾创艺版面，选择"帮助"——"导入激活文件"，选择激活文件即可。

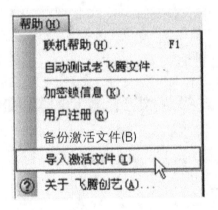

步骤四：导出并保存激活文件

完成认证后，在飞腾创艺版面单击"帮助"——"导出激活文件"，导出一个后缀名为"dat"的激活文件，保存好激活文件，重装机器或在另一台机器上使用飞腾创艺时，就不需要重新认证了，只要单击"帮助"——"导入激活文件"，就可正常使用飞腾创艺。当然，导入激活文件还有一个用途，那就是合入其他机器生成的激活文件。例如，在第一台计算机上单击"帮助"——"导出激活文件"，生成激活文件，在第二台计算机上单击"帮助"——"导入激活文件"，即将第一台计算机上的激活文件合入第二台计算机。

实验总结

通过再现飞腾创艺 5.0 安装的真实场景，明确飞腾创艺安装所必须拥有的计算机环境，学会如何正确安装和运行飞腾创艺软件。

2.2　实验二：认识飞腾创艺工作区

实验内容

认识飞腾创艺界面中的主要工作区域。

实验目的

了解排版界面中页面、版心、辅助版、浮动窗口、控制窗口的位置和各自的作用。

实验步骤

步骤一：启动飞腾创艺 5.0

步骤二：了解界面各区域的工作属性

打开一个完整的文件，观察界面。

页面：报刊版面的成品尺寸，它包括版心和页边空。

版心：报刊版面当中放置各种编排元素的区域。

辅助版：页面周围空白的区域，是用于辅助编排、临时放置各种编排元素的区域。

浮动窗口：用来给操作对象定义各种艺术效果的窗口，平时不出现在界面中，只有我们对操作对象给出命令时，如艺术字、颜色、底纹、花边，它才会出现在界面中，按 F2 可以快速隐藏或显示浮动窗口。

控制窗口：选中操作对象后，控制窗口就会出现在界面的右上角，它显示的是操作对象的属性，若选中文字块，显示的就是可以设置文字块属性的窗口，我们可以根据需要在这个窗口设置参数或改变参数。

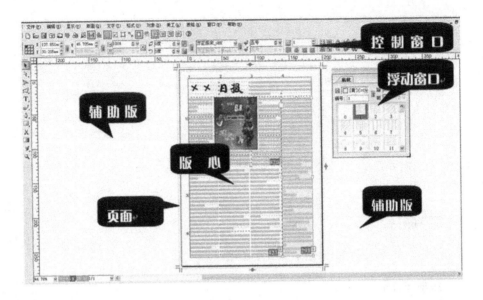

实验总结

通过"认识飞腾创艺工作区"这个实验，我们可以清楚地了解到，排版界面主要由页面、版心、辅助版、浮动窗口、控制窗口组成。这些工作区容纳了排版界面中各种排版工具或功能。

2.3 实验三：七个步骤教你制作杂志封面

实验内容

16 开杂志"流行小说月刊"封面的快速制作。

实验目的

1. 通过这个案例的制作，了解飞腾创艺的基本操作。

2. 了解从创建文件到输出的整个工作流程，快速掌握版面基本元素如文字、图元、图像的排版操作。

实验步骤

步骤一：新建文件

（1）单击"文件"——"新建（Ctrl + N）"，弹出"新建文件"对话框，在新建文件对话框中，将页面大小设置为"大 16 开"，勾选"双页排版"和

"起始页为右页"。

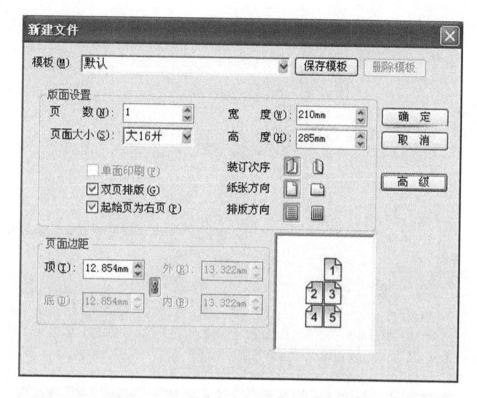

（2）点击"高级"进入"高级"对话框。在最左边的选项中选中"版心背景格"，版心调整类型选择为"自动调整版心边距"，将版心宽度设置为"169 mm"，将版心高度设置为"232 mm"。单击"确定"按钮，回到"新建文件"对话框。

（3）单击"新建文件"对话框的"确定"按钮，进入版面。

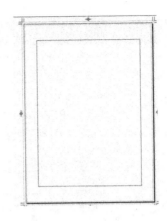

（4）单击"文件"——"保存（Ctrl + S）"，将文件保存下来，取名为"杂志.vft"。

步骤二：图像排版

（1）单击"文件"——"排入"——"图像（Ctrl + Shift + D）"，在"排入图像"对话框选择"杂志封面图像"，单击"打开"，按住 Ctrl 键或 Shift 键可选择多张图像一次性排入飞腾创艺版面。

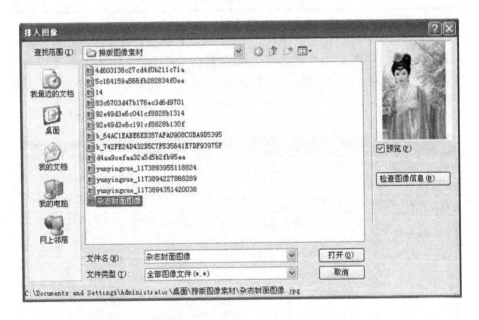

（2）将图像排版光标 点击到版面，即可排入图像，也可以按住 Shift 键，将光标在版面上拖画出等比例大小的图像区域。

（3）修改图像显示精度，选中图像，可以在右键菜单里选择"图像显示品质"——"精细"。

（4）等比例缩放图像，使用选取工具 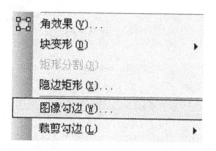 选中图像，按住 Shift 键拖动控制点，直到将图像调到合适的尺寸，使之覆盖整个页面。

步骤三：图像处理

（1）选中图像"杂志版面图像"，单击菜单"美工"——"图像勾边"，弹出"图像勾边"对话框。

（2）勾选"图像勾边"，将临界值和容忍度参数分别设置为"32"和"0.62"（也可以通过拉动对话框中的拉条来完成参数设置）。勾选"框内勾边"。

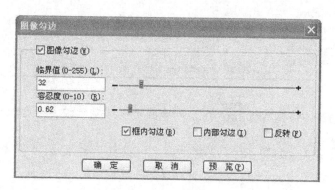

（3）单击"确定"，回到版面。

步骤四：文字排版

（1）单击"文件"——"排入"——"小样（Ctrl + D）"，在"排入小样"对话框中，选择"文字编排素材"文档，点击"打开"。

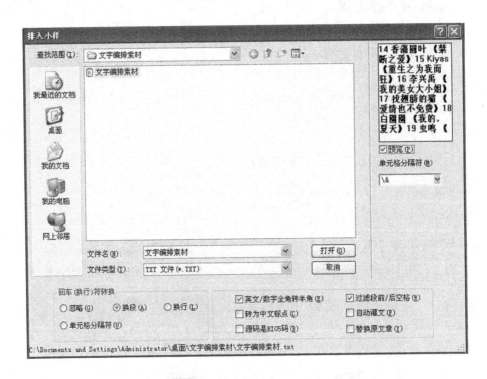

（2）将文字排版光标 点击到版面上生成文字块，也可以拖动文字排版光标 ，形成任意大小的文字块。

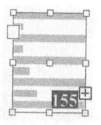

（3）当文字块出现红色的续排标记时，表明文字框无法容纳所有文字，有续排内容。双击文字块，即可自动调整文字块大小，也可以使用选取工具拖动文字块控制点，调整文字块大小以排入所有文字内容。

步骤五：文字处理

（1）将选取工具切换成 **T.** 文字工具，在版面上输入"流行小说月刊"，在控制窗口将字体设置为"方正康体繁体"，字号设置为"特大"。

或者，使用快捷键"Ctrl + F"，弹出"字体字号设置"对话框，设置好参数。最后点击"确定"。

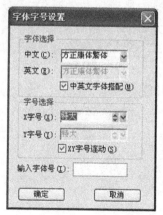

（2）将"流行小说月刊"文字块拖动节点移至版面的左上角。

（3）按照同样的方法输入"5 元"和"2010 年第 1 期"，设置好字体字号，将两者的文字块移动到版面左下角。

（4）将输入的小样文件"文字素材编排"中的文字抹黑选中，分别进行字体字号的设置。再将之拖动到版面的右方。

步骤六：打印预览和打印

（1）选择"文件"——"打印预览（F10）"，或单击工具条上的打印预览图标 ，进入预览版面。

（2）在工具条上选择放大镜工具 🔍，点击版面，即可放大或缩小预览版面，按住 ESC 键或者单击工具条上的返回图标 ✖️，可以取消预览，返回版面编辑状态。

（3）选择"文件"——"打印（Ctrl + P）"，或单击工具条上的打印图标，弹出打印对话框。

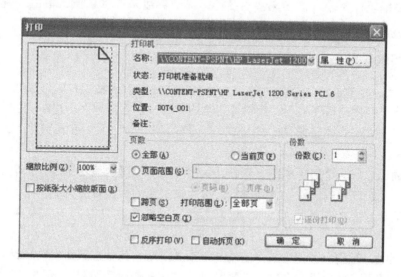

（4）在"名称"中选择好打印机，并设定打印份数，点击"确定"就可以打印了。

步骤七：输出 PS 或 PDF 文件

（1）单击"文件"——"输出（Ctrl + Shift + J）"，或单击工具条上的输出图标，弹出"输出"对话框。

（2）在"保存类型"下拉列表里选择"＊.PS"，则输出为 PS 文件；如需生成 PDF 文件，则选择"保存类型"为"＊.PDF"。选择保存路径，并在文件名编辑框内输入输出文件的名称，其他参数采取默认值，单击"确定"，就可以将文件输出为 PS 或 PDF 文件了。

实验总结

"七个步骤教你制作杂志封面"是一个综合性的实验项目，好比飞腾创艺软件操作技术的快速入门，是学习飞腾的第一步，它简单而不片面，以最全面的方式向大家介绍了制作一个版面的全景内容，因此，"麻雀虽小，五脏俱全"。

通过制作一个普通的杂志封面，我们可以对飞腾的编辑操作有一个初步的印象。七个简单的步骤，将飞腾创艺排版最主要的步骤囊括其中，我们知晓了一个简单、完整、基本的版面操作流程："新建文件"——"版面环境设置"——"文字排版"——"图像排版"——"输出"。

同时，我们也学习了如何制作一个杂志封面，包括在新建文件的时候设定封面的成品尺寸，设定杂志版心的宽度和高度；亲眼见到什么是"双页排版"和"起始页为右页"；如何进行刊名文字的设计，如何进行图像的处理……这些实验内容，将带领我们进入飞腾创艺的神奇世界，帮助我们创作出一个又一个美丽且实用的版面作品。

3 文字编辑

3.1 实验一：文字块操作

文字块是用来进行文字排版的载体，对文稿在版面中的位置和区域的大小起限制作用。文字块可大到排整版文字，也可小到只排一个文字或符号。

实验内容

排一段文字到版面当中，改变其段落外观。

实验目的

1. 学会将文字排入版面。
2. 学会制作特殊形状的文字块。
3. 学会插入特殊符号。

实验步骤

步骤一：排入文字和制作文字块

一、排入文字

飞腾创艺支持排入多种格式的文件，包括纯文字文件（＊.TXT）、BD 小样（＊.BD）、Word 文件（＊.DOC）、Excel 表格（＊.XLS）。对于 Word 文件，飞腾创艺将其转换为纯文本后排入版面，保留 Word 文件中的换行/换段符、Tab 键和空格。

选择"文字"——"排入"，即可在二级菜单中选择"小样"、"Word"或"Excel"。以排入文字（文字文件＊.TXT 和 BD 小样＊.BD）为例，单击"文件"——"排入"——"小样"，或点击版面工具条中的排版图标 。系统弹出"排入小样"对话框。

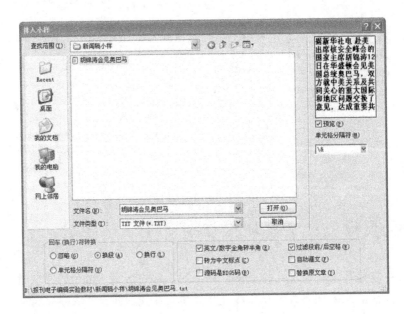

选中要排入的文字，根据需要设置各种参数。可以按住 Shift 键或 Ctrl 键，在文件列表框中选择多个要排入的文件。点击"确定"按钮，对话框关闭，版面上出现文字排版光标，进入组版状态。或在所选的文件名上双击鼠标，直接从对话框退出，返回组版状态。

用鼠标左键在版面中单击，或拉出一个文字块，将文章排入版面。

胡锦涛会见奥巴马

据新华社电 赴美出席核安全峰会的国家主席胡锦涛12日在华盛顿会见美国总统奥巴马，双方就中美关系及共同关心的重大国际和地区问题交换了意见，达成重要共识。

胡锦涛表示，一个良好的中美关系符合两国共同利益，也有利于世界和平、稳定、繁荣。中方愿同美方一道努力，加强对话、增进互信、扩大合作，推动中美关系不断向前发展。

胡锦涛就下阶段中美关系发展提出5点重要主张。

排入版面的文稿

若文字未排完，可以拖动边框的把柄调整文字块的大小将文字排完。

排入文本文件时，可以直接从 Windows 资源窗口将文件拖入飞腾，自动创建文字块。

打开输入法，选择工具箱里的文字工具，即可录入文字。需要在版面上输入少量文字（如新闻标题）时，可以用工具箱中的文字光标移到页面内的任意位置，点击鼠标左键，用键盘输入需要的文字，这样也可以生成一个文字块。

如需要输入特殊符号时，可从输入法菜单中选择"方正动态键盘 5.0"，调出方正动态键盘。

方正动态键盘

在状态条上单击图标 ☑，即可选择需要的码表。点击三角按钮 ◀ ▶，可以选择前一个或后一个码表，点击最小化按钮 ━，可以暂时收起动态键盘。用文字工具将光标插入到文字里，单击码表键盘，即可输入字符，也可在软键盘上按相应的键输入字符。

二、制作特殊形状的文字块

飞腾创艺里的文字块可以调整为任意形状。

1. 直边文字块

用选取工具选中文字块，将光标移到控制点上。当光标呈双箭头状态时，按住 Shift 键并按住鼠标左键，拖动鼠标到新位置，松开左键及 Shift 键。系统会在原有文字块的基础上增加折线，将文字块变为由水平、垂直折线构成的直边文字块。

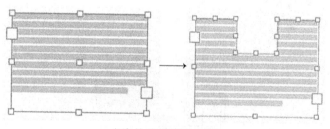

文字块改变形状实例

2. 在图形内排入文字

画一个封闭图元块（如椭圆），选中这个图元，选择"文件"——"排入"——"小样"，选择需要排入的文字文件，点击"确定"，将文字排版光标点击到选中的图形上。

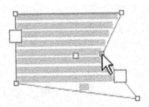

在图形内排入文字

也可在图形内直接录入文字：选择文字工具，按住 Alt + Ctrl 键，然后点击图元块内部区域，即可将其转换为排版区域。

图形排入文字后，仍然保留图形的属性，可进行变形、铺底纹、设置花边线型等操作。

3. 使用穿透工具将文字块调整为任意形状

选取穿透工具，选中文字块。在控制点按住鼠标左键不放，移动位置，即可调整为任意形状的文字块，松开左键即可。也可以在文字块边框上双击鼠标，增加控制点；或选取要删除的顶点，双击鼠标。改变文字块的形状后，块内文字会自动重排。

增加控制点调整为任意形状的文字块

三、插入特殊符号

选择菜单"窗口"——"文字与段落"——"特殊符号"，弹出"特殊符号"浮动窗口。

在"选择类型"下拉菜单里选择"常用符号"、"乐谱音符"、"棋牌符号"、"其他符号"或"748 汉字"等，窗口列出对应类型的符号。

一般而言，将文字光标插入到文字中，然后在"特殊符号"窗口里点击符号图标即可。

分数码、阿拉伯数码、中文数码和附加字符的插入方法比较特殊。以分数码为例，将文字光标定位到需要插入符号的位置，选择"分数类型"为"斜分数"，在"数值"编辑框内输入"2/3"。点击插入按钮或按 Enter 键，即可在版面上插入分数码。

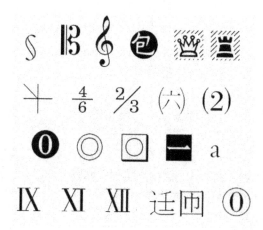

四、文字块调整

1. 文字块连接

一篇文章可以分别排在有连接关系的多个文字块内，前面文字块的内容排不下时，剩余文字自动流向后面的文字块。

选中两个连接的文字块，即可看到文字块的各种标记：边框和控制点、入口和出口、续排标记、连接线、字数显示。

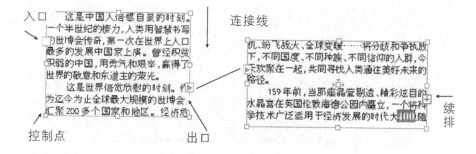

光标置于控制点变成双箭头时，可以对文字块进行改变形状、大小等操作。如果"入口"或"出口"带有三角箭头，表示文字块有其他连接文字块。

鼠标单击续排标记，光标变为排版光标，点击到版面上，或拖画出一个文字块，即可生成连接关系的文字块。当文字块有续排内容时，将显示剩余文字数。

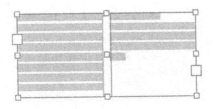

如果要手动设置文字块的连接，可以用选取工具单击文字块出口或入口，光标变成排入状态。移动光标到需要连接的文字块上，光标变为连接光标，点击该文字块便可把两个文字块连接起来。

如要断开已有连接关系的文字块，用选取工具双击带有三角箭头的入口或出口即可。如要改变文字块连接，单击连接线一端（入口或出口），移动到需要连接的文字块，单击文字块即可改变连接。

选中文字块，按 Delete 键即可删除该文字块。如果文字块有连接，则仅删除文字块，不删除块内的文字，块内文字自动转到相连的文字块。如需同时删除块内文字，按 Shift + Delete 键即可。

2. 文字块与边框

（1）框适应文。

有时文字块中的文字没有占满整个文字块区域。

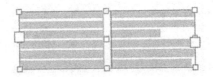

可以双击鼠标左键，调整文字块边框大小使文字占满，并使每栏底线变为同样高度。选用"对象"——"图框适应"——"框适应图"功能也可实现。

若文字框小于文字区域，也可以双击文字块，纵向展开文字块。如果想将一段折行的文字调整为不折行，可以按住 Alt + Ctrl 键双击文字块，就可将文字块横向展开排在一行内。在图形内排入文字形成的文字排版区域，只有当文字块为矩形时，文字块适应的操作才有效。

（2）文字块内空。

如果想调整文字块边框与文字之间的距离，可选中文字块，选择"格式"——"文字块内空"。在对话框中设置上、下、左、右数值，如各设为3 mm。

点击"确定"即可调整文字块边框与文字之间的距离。

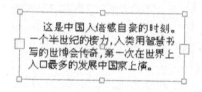

（3）文本自动调整。
拉大文字块边框。

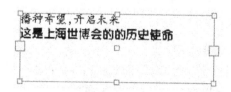

选择"文字"——"文本自动调整"，或在控制窗口上单击按钮，可以将文字调整成文字块的大小。

设置文本自动调整后，可以任意拖动文字框大小，文字始终随框大小变

动；也可以继续在框内输入文字或删除文字，文字自动重排，适应外框。

实验总结

对文字块的要求，简单来说就是整齐，关系到段落形状和段落对齐。文字块是观察版面是否规范的重要考察部分，文字块不整齐，版面就有粗糙笨拙的感觉。我们要不断寻找参照物将文字块排整齐。如每个版面都有版心线，靠近边缘的文字就要贴住版心线来排列；分栏的段落必然有栏间缝隙，上下两块文字尽量栏宽一致，栏缝对齐。

3.2　实验二：文字属性和文字特效

实验内容

对版面中的文字进行操作，改变字体、字号、颜色，给文字加艺术效果。

实验目的

1. 学会改变文字属性。
2. 学会制作艺术字和装饰字。
3. 学会制作叠题效果。

实验步骤

步骤一：改变文字属性

一、文字属性的设置入口

对文字进行各种操作时，均需通过"文字属性"浮动窗口。单击菜单"窗口"——"文字与段落"——"文字属性"，弹出"文字属性"浮动窗口。单击浮动窗口标题栏上的扩展图示，可以收缩或打开窗口的不同部分。单击标题栏上的三角按钮，可以弹出浮动窗口的菜单。

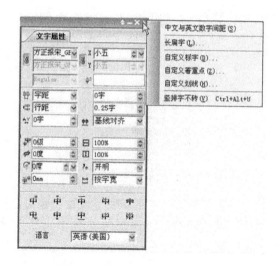

使用文字工具选中文字，即要在浮动窗口中为其设置属性。将光标移至所选位置，按下鼠标左键并拖动鼠标，选中所需要的文字进行修改。如果要在版面上选择大量文字，可先把光标置于段落开始点，按下鼠标左键，再按住 Shift 键以左键点击段落的结束点即可。如果用选取工具选中文字块，此时设置的文字属性对整篇文章有效。

选中要修改的文字，可在"文字属性"浮动窗口中为选中文字设置字体号。可以在字体下拉列表里选择字体，或直接在字体编辑框里输入字体。如果按下字体连动按钮⬛，则英文字体按照中文字体自动搭配。同样，可以在字体下拉菜单里选择文字的 X、Y 字号，或在编辑框输入字号，按下字号连接按钮⬛，则 X、Y 字号连动。选中"文字"——"常规"——"字体字号设置"，可以约定字体、字号，应用时在"字体字号命令框"直接输入约定的字体和字号的缩写就可以了。

用 Ctrl + Alt + "＋" / "－"键可以调整字号，数值增减的幅度为 0.5 磅，这种调整将反映到"字号"对话框和文本属性工具条中。另外，用 Alt + "＋" / "－"键可以调整行距，数值增减的幅度为 0.25 磅。用 Ctrl + "＋" / "－"键可以调整字距，每次调整幅度为 0.25 磅。加/减号必须使用小键盘上的键。在"文字属性"浮动窗口里，通过设置字心宽微调、字心高微调的百分比，也可以对文字进行字宽或字心微调。

使用文字工具选中文字，控制窗口如下所示。单击窗口顶端的"字"或"段"可以切换显示该窗口包含的两个面板。

二、字体设置与管理

选中文字，在控制窗口里的字体下拉列表里可以选择字体。

通过"文字属性"浮动窗口的"字体字号设置"也可以实现字体选择。

通过"字体管理"浮动窗口，可以显示或列出文字的字体名称、类型、状态（缺字体或正常）等。

当文件中缺字时，自动弹出"字体管理"浮动窗口，提示用户缺字，同时在版面上缺字的地方铺上粉红色底纹，所缺字体采用系统默认字体显示。在窗口里选中一款字体，单击"替换"按钮，在对话框中选择好字体后，单击"确定"即可完成字体替换。

三、间距、对齐与着重

通过"文字属性"浮动窗口，可以对文字的间距、对齐等多种属性进行调整。

1. 文字间距

要调整字距，可使用文字工具选中文字，在"文字属性"浮动窗口里，单击"字距"下拉菜单，选择字距类型。

在浮动窗口的扩展菜单里选择"中文与英文数字间距",可改变中文与英文、中文与数字之间的间距。

要调整行距,可选中文字,在"文字属性"浮动窗口里,单击"行距"下拉菜单,选择行距类型,在"行距"后面的编辑框内输入间距值,单击"确定"即可。

通过"文字属性"浮动窗口,还可设置字母(包括拉丁字母与数字)之间的间距。

2. 文字对齐

使用选取工具选中文字块,在"文字属性"浮动窗口里,单击"文字对齐"下拉列表,选择对齐类型,包括上对齐、中对齐、下对齐和基线对齐。

3. 着重

选中文字,在"文字属性"浮动窗口里,可以设置倾斜、旋转、加粗效果。但如果同时对文字设置了加粗效果和颜色渐变效果,则只保留颜色渐变效果。

单击"文字属性"浮动窗口标题栏上的扩展图示,展开最下层面板,可为文字设置上标、下标、着重点、各种画线等。

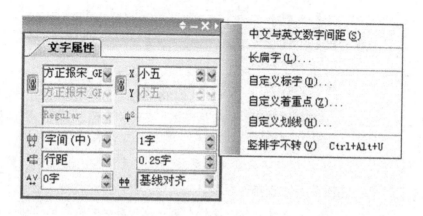

选中文字,在"文字属性"浮动窗口"扁字"和"长字"编辑框内输入

缩放百分比，可以达到扁字或长字效果。

四、统一文字属性和恢复文字属性

　　选中文字，选择"编辑"——"统一文字属性"，或者单击文字控制窗口的"统一属性"按钮，可将选中区域内的文字统一为选中区域内的第一个字的属性。选择"编辑"——"恢复文字属性"，或者单击文字控制窗口的"恢复文字属性"按钮，可取消单独对选中文字所设置的属性（如字体号、长扁字、艺术字、装饰字等），统一恢复为文字块的缺省文字属性。

五、文字的编辑

　　对文字进行的与修改、编辑有关的复制、裁剪、删除、撤销、恢复等操作，与 Microsoft Word 等软件的操作类似。经由"文字"菜单中的"全半角转换"和"大小写转换"，可以完成相应字符的转换。

　　飞腾创艺的查找/替换功能，不但可以查找中、英文和特殊符号等字符，还可通过高级查找，查找有指定文字属性的字符，按颜色查找还可以查找文字样式、段落样式等。选择"编辑"——"查找替换"，弹出对话框。

　　在编辑框中输入需要查找、替换的字串。选择"查找范围"，设置"区分大小写"、"区分全半角"、"使用通配符"来限制查找的范围。单击"高级"按钮，可设置查找替换的字符属性，包括字体、字号、颜色、样式等。设置完成后开始查找、替换。完成后选择"取消"，则退出对话框。

　　格式刷功能用于复制文字属性和段落属性。在工具栏中选择格式刷 ，点击到文字中，按住鼠标左键拖选需要复制属性的文字，然后松开鼠标。将格式刷选中需要作用属性的文字，松开鼠标左键，则将复制的属性粘贴到目标文字。重复这一步骤可进行连续粘贴。如果选中的文字里有几种属性，则复制第一个文字的文字属性和所在段落的段落属性。

步骤二：制作文字特效

一、艺术字

在飞腾创艺中可以通过"艺术字"对话框，制作出丰富多样的文字效果。选中文字，选择"窗口"——"文字与段落"——"艺术字"，激活需要设置的选项，即可按需求进行设定。

"艺术字"对话框具体包括：

1. 立体

选择"立体"复选框。"影长"表示立体阴影的长度，在影长编辑框中输入数值即可。"边框线宽"可设置边框的粗细与颜色。"影长颜色和边框颜色"可设置颜色，在颜色下拉列表选择"自定义"，可以设置渐变颜色，系统将选取第一个和最后一个渐变分量点，通过点击起始颜色和中止颜色按钮将立体效果设置为渐变颜色及设置线性渐变效果。"方向"表示阴影的方向选择。"重影"设置的影长和颜色为重影的影长和颜色。

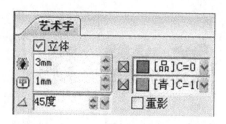 

立体字设置实例

2. 勾边

选择"勾边"复选框，在"勾边类型"中选择"一重勾边"或"一重勾边＋二重勾边"。"粗细"框中输入宽度数值，设置勾边粗细。选择"勾边颜色"，设置颜色。如果同时设置勾边和立体，可选中"先勾边后立体"进行设置。点击浮动窗口右上角的三角按钮，选择"边框效果"，可在圆角、尖角和截角三种效果中进行选择。

勾边字设置实例

3. 空心

选择"空心"复选框，对底纹、边框粗细、颜色、边框效果等进行设置，可以得到不同效果。

空心字设置实例

二、装饰字

针对文字的外部装饰，主要是给文字加上不同形状的外部装饰。选中要设置的文字，选择"窗口"——"文字与段落"——"装饰字"。需要取消装饰字时，在装饰类型里选择"无"即可。

可以设置的装饰类型有方形、菱形、椭圆形、向上三角形、向下三角形、向左三角形、向右三角形、六边形、心形等。通过"长宽比例"、"字与线距离"、"线型"、"花边"、"边框粗细和边框颜色"、"底纹和颜色"等，可以进行相应的设置。完成后点击"确定"按钮，被选中的文字会呈现出不同的效果。

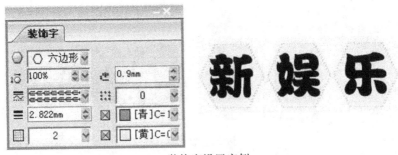

装饰字设置实例

三、文裁底

用文字裁剪文字块底纹或背景图，可以实现文字的特殊效果。

选中文字块，选择"窗口"——"底纹"，给文字块铺上底纹，或选择"美工"——"背景图"，给文字块加背景图。选择"文字"——"文裁底"，在选项前打钩，可获得裁剪效果。如果想取消裁剪效果，选中已设置"文裁底"的文字块，取消"文裁底"选项即可。

文裁底

四、文字块裁剪路径

文字块可以作为裁剪路径，用其中的文字来裁剪其他块，以实现某些特殊效果。将文字块移动至与图像重叠，选中文字块，选择"美工"——"裁剪路径"，设置文字块的裁剪属性。同时选中这个文字块和图像，在右键菜单里选择"成组"，选中的图像就被文字块中的文字裁剪。使用穿透工具，点击文字，可以使用被裁剪的图像，移动图像的位置，从而调整裁剪区域。

文字块与图像重叠

热点话题

用文字块裁剪图片的效果

五、转为曲线

通过文字转曲将文字转为图元，可以设置各种图形效果。

选中文字块，选择"美工"——"转为曲线"，选择扭曲透视工具，点击曲线文字块，拖动节点。选择"窗口"——"底纹"，选择底纹，并且自定义颜色为渐变色。选择"窗口"——"立体阴影"，设置阴影效果。

使用穿透工具，点击到转曲后的文字，出现曲线控制点，拖动节点即可调整文字形状。

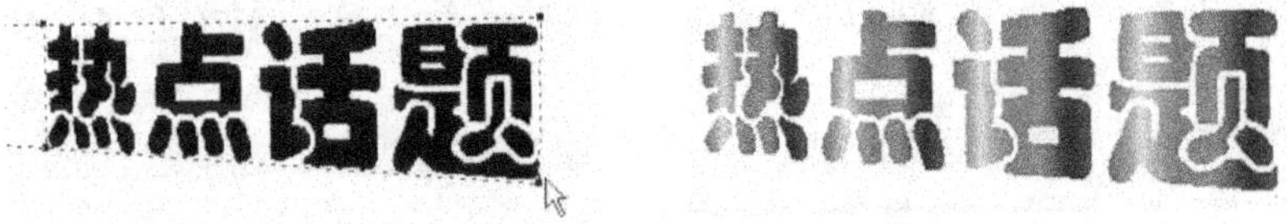

热点话题　**热点话题**

六、复合字

使用文字工具选中要复合的文字（小于6个字），选择"格式"——"复合字"，弹出"复合字"对话框。所有文字中左边第1个文字为被合成字符，其他字为合成字符，在"颜色"下拉列表里设置被合成字符与合成字符的颜色。在"横向参数"组里设置X方向偏移值和缩放比例，在"纵向参数"组里设置Y方向偏移值和缩放比例，点击"合成"即可形成复合字。这样就可以将几个文字合成一个字，或者将文字与符号合成一个字，占一个字宽、一个字高，复合后的文字和普通文字一样可以进行文字属性的操作。选中复合字，点击"解除"即可解除复合字。

欢天喜♥地

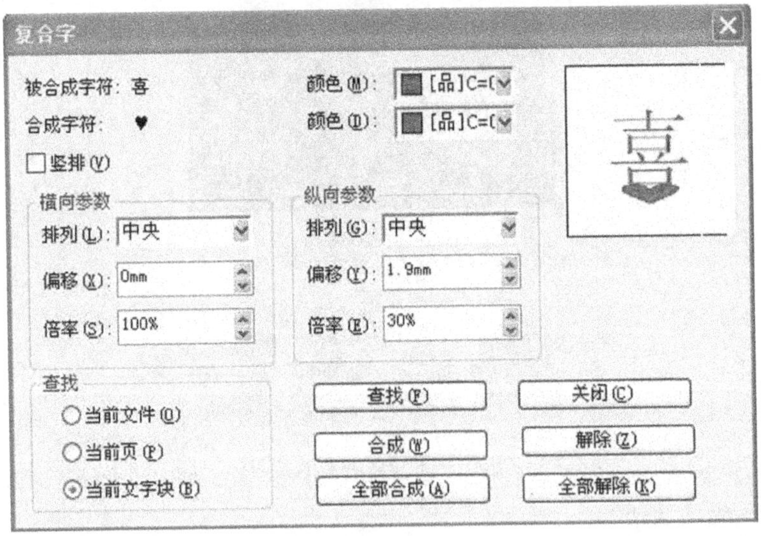

七、叠题

使用文字工具选中文字。

南方多省强降雨洪水超警戒

选择"格式"——"叠题"——"形成叠题",可形成叠题,即将多个文字排成几行,多行的总高度与外面主体文字的行高一致。

南方多省强降雨洪水超警戒

选择"格式"——"叠题"——"形成折接",可形成折接,即将多个文字排成几行,且每行的高度与主体文字的高度一致。

南方多省强降雨洪水超警戒

如要取消叠题,可以选中叠题文字,选择"格式"——"叠题"——"取消"即可。形成叠题/折接的文字即为一个普通盒子。

实验总结

这个实验主要是对单个字的操作,主要应用于标题,标题才值得用特效大费周章地装饰,正文用默认字体就很规范了。标题字体常用的有方正超粗黑、方正大黑、方正粗宋,这些都是严肃、稳重、给人信任感的字体,加上特效会充满立体感。细弱的字体就算加上特效也不合适。

3.3 实验三:文字排版

实验内容

对版面中的段落进行操作。

实验目的

1. 有关段落:学会给段落分栏;设置段落格式,如段首大字、首行缩进、段落装饰、项目符号等。
2. 有关图文混排:学会使用"图文互斥"的效果。
3. 有关标题:学会文字裁剪勾边、沿线排版的效果。

实验步骤

步骤一：文字块的排版

一、分栏

用工具箱中的选取工具，单击欲分栏的文字块，选择"格式"——"分栏"，在"分栏"对话框里指定"栏数"和"栏间距"，单击"确定"即可完成设置。选择"自定义"，可按需求分栏，各栏的栏宽相等，栏宽不一定按整字计算，栏间距不变。通过背景格分栏，可以实现栏宽不等的分栏效果。选择"文件"——"版面设置"，即可设置版心背景格属性。

选择"应用于整篇文章"，可对整篇文章分栏（包括续排文字块）。通过"栏线设置"，可以选择定义栏线的线型、粗细、颜色等。

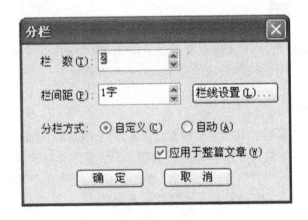

二、文字排版方向

系统对文字块的文字提供四种排版方向，即正向横排、正向竖排、反向横排、反向竖排。系统默认状态为正向横排。选择排版方向时，选中要调整排版方向的文字块，执行"格式"——"排版方向"，在出现的下拉式菜单中选择所需排版方向即可，也可点击工具条上的按钮▦▦▦▦选择排版方向。

50

三、竖排字不转

竖排文字时，会将英文及数字向左旋转90°。用文字工具选中文字，或使用选取工具选中文字块，单击"格式"——"竖排字不转"，可以将英文及数字像汉字一样正常放置不作旋转。

四、纵中横排

竖排文字时，汉字、英文及数字的排版方向可以不变，并保持为一个盒子。用文字工具选中所需文字（不多于5个字），选择"格式"——"纵中横排"，在二级菜单中选择压缩方式，包括"不压缩"、"部分压缩"和"最大压缩"。可根据需要决定对纵中横排的文字压缩的程度。"取消"命令可使被设置文字恢复正常。

五、对位排版

当文章中某些段落调整了行距，或者设置了纵向调整后，两栏的文字可能不在一条线上。

此时可以使用对位排版，迫使每一行文字与文章背景格每一行对齐，从而达到两栏文字整齐排列的效果。

选择"格式"——"对位排版"，在二级菜单中进行选择。其中"逐行对位"指文章每一行都排在文章背景格的整行上；"段首对位"指文章中每段的第一行排在文章背景格的整行上，其他行可以不在文章背景格整行上。

选择"不对位"，则取消"逐行对位"和"段首对位"，恢复文章自然排放。需注意的是：文字块在使用了对位排版后，行距不可微调。

步骤二：图文混排

一、图文互斥

图文互斥可以设置文字与图像（或图元）混排时的绕排效果。飞腾创艺排版时提供轮廓互斥和外框互斥两种效果。

执行"格式"——"图文互斥"，在"图文关系"选项组中选择互斥类型。

　　"轮廓互斥"指当图像带有裁剪路径时沿图像路径互斥。该选项配合"轮廓类型"可实现两种效果：选中"裁剪路径"可实现沿图像路径互斥；选中"外边框"则沿图像外框互斥。在"文字走向"、"边空"等选项中作出选择或输入数据，即可完成设置。

　　对于带路径的图像，完成设置后，可以选择穿透工具，点击图像，拖动路径上的节点，调整互斥路径。

　　如果在图像上加的标题由于互斥属性无法压在图像上，可以选择"格式"——"文不绕排"，设置文不绕排属性。

二、文字裁剪勾边

　　当文字块压在图元或图像上时，可对压图的文字勾边。选择"美工"——"裁剪勾边"——"文字裁剪勾边"，根据需要就"压图像时裁剪勾边"或"压图形时裁剪勾边"、"一重勾边"或"二重勾边"作出选择。

三、沿线排版

飞腾创艺提供沿线排版工具，直接点击到图元上输入文字，即可形成沿线排版效果。

绘制一个图元块，选择工具箱里的沿线排版工具 ，置于图元边框上，当光标变为 形状时，单击图元，光标插入到线框上时即可输入文字。用选取工具选中图元，在文字区域出现首尾标记。

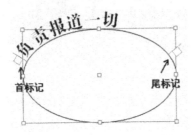

将光标置于尾标记上，尽量靠近标记竖线，当光标变为 形状时，按下鼠标，拖动尾标记到需要的位置。单击控制窗口里的"撑满"图标，可形成最后的效果。

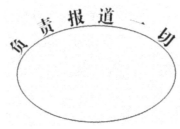

如果要使文字和图元分离，选中图元，在鼠标右键菜单里点击"解除沿线排版"即可。

也可用"沿线排版"窗口的"形成沿线排版"命令来生成沿线排版效果。选中图元，单击"窗口"——"沿线排版"，弹出"沿线排版"窗口。

点击窗口右上角的三角图标，选择"形成沿线排版"即可。通过此窗口可设置沿线排版方式、字号渐变、颜色渐变等。

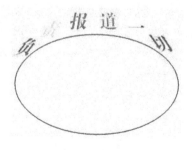

沿线排版实例

四、段落属性

将光标插入段落，或使用文字光标选中文字，可以给所在的段落设置段落属性。如使用选取工具选中文字块，可为文章内所有段落设置属性。

使用文字工具选中文字，单击菜单"窗口"——"文字与段落"——"段落属性"，弹出"段落属性"浮动窗口。

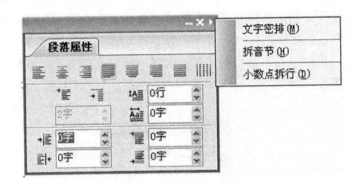

使用文字工具选中文字，单击控制窗口顶端的"段"，即可切换到段落控制窗口。

单击"段落属性"浮动窗口上的按钮，可以设置段落中每一行的对齐方式。如"居左"指每一行文字都以文字块左侧对齐，右侧不进行对齐；"居中"指每一行文字作为整体置于文字块中间；"居右"指每一行文字都以文字块右侧对齐，左侧不进行对齐。另外，还有端齐居左、端齐居中和端齐居右，指每段最后一行为居左、中、右效果，其他行为两端对齐效果。撑满指所有行的左右端都对齐文字框内文字所能达到的左右边缘，均匀撑满指行中的所有文字之间的间距和与文字框内文字所能达到的左右边缘的距离均匀分布。

此外，利用"段落属性"浮动窗口，还可进行一系列段落设置，如段首缩进和段首悬挂、段落的左缩进和右缩进（在段落左侧或右侧空出一段距离）、段前距和段后距、段首大字等。

使用文字工具选中文字，选择"格式"，也可以设置段落格式、段首大字等段落属性。

五、通字底纹

如果想给文字铺底，可用文字工具选中文字，或用选取工具选中文字块，选择"窗口"——"文字与段落"——"通字底纹"，选择类型为"单行"或者"多行"，激活设置选项，设置底纹和颜色。

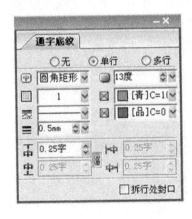

如果是多行底纹，可通过窗口底部的按钮，设置底纹对齐效果（首尾不齐、首齐、尾齐、首尾齐）。如果是单行通字底纹，可以通过"边框类型"设置底纹的外框形状，如"圆角矩形"。

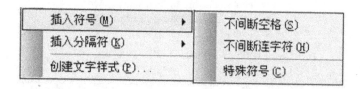

六、英文、拼音及其他符号

1. 英文

英文排版方面，首先要留意的是英文符号与前后文的间距问题。用文字工具点击需要插入英文符号的位置，选择"文字"——"插入符号"。通过选择"不间断空格"、"不间断连字符"，可以调整英文符号与前后字符间的距离。

打开"特殊符号"浮动窗口，选择"常用符号"类型，可以排入英文排版常用的符号。

选择"文件"——"工作环境设置"——"偏好设置"——"文本"，选中"使用弯引号"，可以在输入文字或排入小样时，自动将直引号转换为弯引号。

选中文字或文字块，在主菜单中选择"格式"——"英文密排"，可以缩小英文字符间距。

如果需要在英文单词转行时，自动按音节拆行并添加连字符，可以在主菜单中选择"格式"——"连字拆行"——"拆音节"。

2. 小数点

如果想在段落转行时允许带有小数的数字从小数点处拆行，可以选中文字块或将文字光标插入需要拆行的段落，通过菜单"格式"——"连字拆行"——"小数点拆行"来实现。

3. 拼注音

通过拼注音插件，可以为汉字自动加上拼音，对多音字可以进行标示。

选中需要加拼音的文字或文字块，选择"版面"——"设置拼注音"——"自动加拼音"。

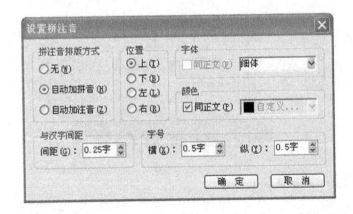

在对话框中选中"自动加拼音",点击"确定"即可完成拼音设置。

yī tiáo xiǎo chuán xiàng nán yáo
一 条 小 船 向 南 摇

bàn chuán hú lu bàn chuán piáo
半 船 葫 芦 半 船 瓢

kāi de shì gè hú lu
开 的 是 个 葫 芦

bù kāi de shì gè piáo
不 开 的 是 个 瓢

jùn de shì gè xiǎo yīng táo
俊 的 是 个 小 樱 桃

如果需要取消拼音,可以选中文字,调出"设置拼注音"对话框,将"拼注音排版方式"修改为"无"。如果加拼音后上下两行的文字没有对齐,可以选中文字,按 Ctrl + "＋"／"－",将字距调大或调小即可。通过"拼音"对话框,可以调整拼音的位置、颜色、字号、与汉字的距离等,但字体只能采用系统默认字体。

遇到多音字时,可以使用编辑拼音的功能指定多音字的拼音。例如,"公差"中的"差"字有两种读音,在加拼音后,选中"差"字(只能选中一个字),选择"版面"——"拼注音插件"——"编辑拼音",弹出对话框,在多音字列表里直接选择需要的拼音就行了。

4. 标点与空格

执行"文字"——"标点类型",出现"标点数字类型"对话框。标点类型包括开明(除句号、叹号、问号外,其余标点各占半个中文字的空间)、对开(所有标点符号均占半个中文字的空间)、全身(所有标点符号均占一个中文字的空间)、居中(所有标点符号居于空格的中间)、居中对开(所有标点符号均为半个汉字字宽,居于字的中心)。默认标点类型为"开明"。

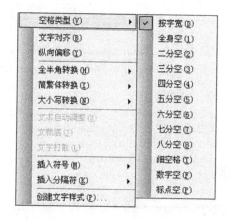

空格类型指将空白字符按照指定的字宽设定进行空格宽度处理。按字宽指实际字体中空格的宽度，全身空指空格与汉字宽度相同，二分空指空格为汉字宽度的1/2，三分空、四分空至八分空以此类推。细空格指空格为英文字母 m 宽度的1/24，数字空指空格为当前数字 0 的宽度，标点空指空格为当前字体逗号的宽度。

5. 段落装饰

选择文字工具，选中文字或将文字光标插入段落。单击菜单"格式"——"段落装饰"，选择"装饰类型"，激活相应的设置选项。可以选择的类型有：前后装饰线、上/下划线、外框/底图。在设置过程中可选中"预览"选项，及时查看设置效果。单击"确定"按钮，完成段落装饰的设置。用户可将所需的设置存为模板。这些段落装饰主要用于制作小标题中常见的前后装饰线、上下划线、外框以及底图等效果，仅作用于段落。

6. Tab 键

如下所示，在每段行首三角符号后插入 Tab 键。

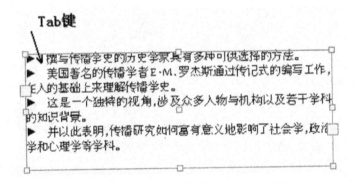

选择"格式"——"Tab 键"——"按 Tab 键对齐"，则 Tab 键后面的文字转行时，以 Tab 键为标记进行对齐。如需取消对齐，选择"格式"——"Tab 键"——"取消按 Tab 键对齐"即可。

▶ 撰写传播学史的历史学家具有多种可供选择的方法。
▶ 美国著名的传播学者 E·M.罗杰斯通过传记式的编写工作，在入的基础上来理解传播学史。
▶ 这是一个独特的视角，涉及众多人物与机构以及若干学科的知识背景。
▶ 并以此表明，传播研究如何富有意义地影响了社会学，政治学和心理学等学科。

实验总结

　　分栏、图文互斥、沿线排版，这三个操作很重要。想象一下，如果没有这些按钮直接操作的话，我们会怎样。没有分栏按钮，我们就要把文字块剪成一段一段分栏，或是做表格分栏（Word 就是这么做的）；没有图文互斥，我们得把文字块打散，敲打空格来避让图片；没有沿线排版，我们就得把完整的标题拆分成单字，旋转移位才能排成线条飞扬的感觉。飞腾在处理图文位置关系上不仅相当专业，而且操作简便。

4 图形与图像操作

4.1 实验一：图形操作

实验内容

通过对单线图形的操作，了解飞腾对鼠标绘制的单线图形可以做哪些变换。

实验目的

1. 学会使用飞腾软件中的绘图工具，能够改变线型和线的颜色。
2. 学会制作花边和底纹。
3. 尝试使用图元勾边、立体阴影、角效果、路径运算等功能。

实验步骤

步骤一：使用绘图工具

飞腾创艺的工具箱里有两组绘图工具，按住当前显示的工具不放，即可展开工具组，选取相应的工具，可以在版面上绘制直线、矩形、菱形、椭圆（圆）、圆角矩形、多边形和曲线等。

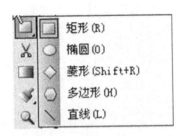
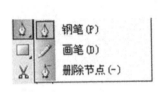

一、规则图形的绘制

（1）直线工具：将鼠标点向工具箱中的直线工具，点击左键，此时进入绘线状态。光标变成"＋"字形，在任意位置单击，该点为线段的起点，按住鼠标左键不放，拖动鼠标到线段终点，松开鼠标左键，系统就生成一条线段。绘制过程中，按住 Shift 键，分别朝水平、上下、斜角方向拖动，可以分别产生水平、垂直或倾斜角度为 45°的线段。

（2）矩形工具：选择矩形工具，进入绘制矩形状态。光标变成"＋"字形，将光标移至待画矩形的左上角单击，按住鼠标左键不放，并拖动到矩形的右下角，松开左键，就生成了矩形。如果先按住 Shift 键再画矩形，则会生成一个正方形。

（3）椭圆工具：选择椭圆工具，进入绘制椭圆状态。光标变成"＋"字形，将光标移至待绘制的椭圆的左上角，按住鼠标左键不放，拖动鼠标到椭圆右下角，松开鼠标左键，即可生成椭圆。如果同时按住 Shift 键，则会生成一个正圆形。

（4）菱形工具：选择菱形工具，进入绘制菱形状态。光标变成"＋"字形，将光标移至待绘制的菱形的左上角，按下鼠标左键不放，拖动鼠标左键到菱形右下角，松开鼠标左键，就生成了菱形。按住 Shift 键，则会生成正菱形。

（5）多边形工具：选择多边形工具双击，在"多边形设置"对话框中设置多边形边数，以及内插角度数，点击"确定"后进入绘制多边形状态。光标变成"＋"字形，将光标移至待绘制的多边形的左上角位置，按下鼠标左键不放，拖动鼠标左键到多边形右下角，松开左键，就生成了多边形。按住 Shift 键，则生成正多边形。

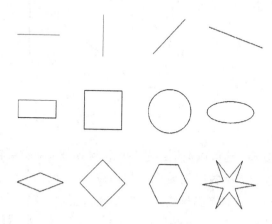

二、曲线与折线的绘制

（1）画笔工具。从工具箱钢笔工具组中选取画笔工具，进入画笔状态。双击画笔工具，弹出精度设置的提示框，可以设置高、中、低三种精度。在版面的任意位置按下鼠标左键，即确定了曲线的起点。在版面拖动鼠标，可以绘制出任意形状的贝塞尔曲线。松开鼠标左键将结束作图，光标所在点即曲线的终点。

　　如果把画笔工具移动到一条不封闭曲线的端点，也可以在此端点处续绘此曲线。

　　（2）钢笔工具。用钢笔工具依次在版面上点击，即可在各节点之间形成折线。点击过程中按 Esc 键可以删除上一个节点。

　　用钢笔工具绘制贝塞尔曲线的方法是：将钢笔工具点击到版面上，并按住鼠标左键，拖动鼠标，设置第一个点；松开鼠标左键，点击第二个点，同时在版面上拖动，调整切线的方向及长短，即可调整曲线的弧度。不断点击、拖动鼠标即可绘制连续曲线。绘制过程中按 Ctrl 键可以将光滑节点变为尖锐节点。双击鼠标左键，或单击右键，可结束绘制。绘制封闭曲线时，将终点与起点重合即可，将鼠标置于起点上，点击起点即可。

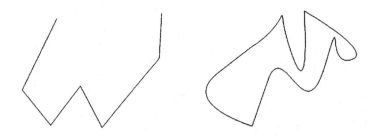

　　绘制过程中按 Esc 键可以取消当前节点，继续按 Esc 键可依次取消前面所画的节点。也可以将光标放在需要删除的节点上，当光标变为 ◊‚ 形状时，单击鼠标左键删除节点。钢笔工具能续绘非封闭贝塞尔曲线/折线。将钢笔工具置于曲线或折线的端点上，光标变为带"＋"号的钢笔形状时，点击节点可以继续绘制曲线。利用续绘功能也可以连接两条非封闭的曲线或折线。

　　（3）编辑贝塞尔曲线。选择穿透工具，单击要修改的贝塞尔曲线，将显示出该曲线的节点。将穿透工具点击到节点上，选中节点即可拖动节点；点击到节点之间的曲线上，即可拖动曲线；点击到切线上，拖动切线两端的把柄，即可调整切线方向和曲线弧度。

使用穿透工具双击节点，即可删除节点；使用穿透工具双击两个节点之间的曲线，即可增加节点。也可使用右键菜单中的"增加"、"删除"来实现上述操作。使用穿透工具选中节点，在右键菜单里选择"尖锐"或"光滑"，即可将节点转化为"尖锐"或"光滑"节点。

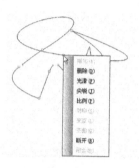

使用穿透工具选中节点，在右键菜单里选择"比例"或"对称"①，即可将节点转化为比例节点或对称节点。使用穿透工具选中一段曲线，在右键菜单里选择"变直"即可将选中的折线变为直线；使用穿透工具选中一段直线，在右键菜单里选择"变曲"即可将选中的直线变为曲线，拖动曲线上的切线，即可调整曲线弧度。

在闭合贝塞尔曲线上的任一处单击右键，选择弹出菜单中的"断开"命令，将在该处断开该曲线。在非闭合贝塞尔曲线的任意处单击右键，选择弹出菜单中的"闭合"命令，可以将该曲线闭合。

三、穿透工具

穿透工具用于编辑图元、图像、文字块等对象的边框或节点。以图元为例，使用穿透工具单击图元边框，用鼠标拖动边框，与该边相关的节点和边线也随之改变。

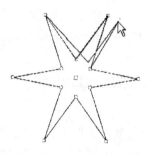

---

① 对称是指控制点两侧切向量反向但长度相同，比例是指该控制点两侧切向量反向且长度保持原有比例。

（1）单击图元节点，鼠标拖动节点，与该节点相关的边也随之改变。使用穿透工具选中图元，显示出该图元的节点，双击鼠标左键即可在双击处增加一个节点；双击图元节点，则可删除节点。

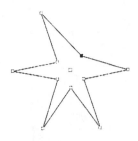

（2）使用穿透工具可以选中成组对象里的单个对象，也可以单独选中文字块里的盒子。选中单个对象后，拖动对象中心点，可以移动单个对象。选中对象后切换到选取工具，还可以调整对象大小。飞腾创艺图像带有边框，使用穿透工具可以单独选中图像，调整图像在边框内的显示区域。

四、删除节点工具

除了穿透工具，飞腾创艺还提供删除节点工具，可以同时选中和删除多个节点。选择删除节点工具，单击图元或图像，使之呈选中状态。点击图元或图像的节点，即可删除该节点。使用删除节点工具在版面上拖画出矩形区域，即可选中区域内的所有节点，按 Del 键即可删除节点。点击图元或图像边框，即可删除边框。

步骤二：改变线型，制作花边，添加底纹

一、线型

选择"窗口"——"线型与花边"，弹出"线型与花边"浮动窗口，选中要设置线型的图元，在窗口里选择需要的设置选项即可。在相应的下拉列表里选择线型，设置线框的粗细、颜色。

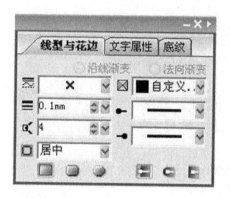

飞腾创艺中提供多种线型，如空线、单线、双线、文武线、点线、短划线、点划线、双点划线、单波线、双波线等。用户可以选择不同的线型，并指定宽度。线型的操作对象是线段、曲线、图元、图像和文字块等对象的边框。

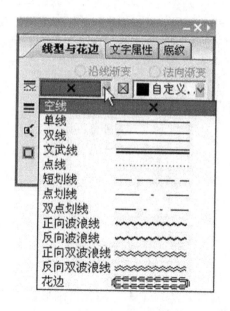

当线框转角处角度较小时，可以通过尖角幅度，控制尖角的长度。可在前端点和后端点下拉列表里选择端点类型。线宽方向指线条加粗时加粗部分添加在线框哪个部分，可以选择外线、居中和内线。外线表示线条加粗部分添加在线框外部；居中表示以线框为中轴，向内和向外添加；内线表示线条加粗部分添加在线框内部。通过端点角效果可设置线型端点为平头、圆头或方头，设置线框交角类型为尖角、圆角或折角。

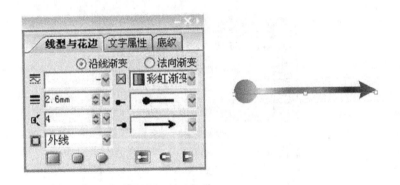

　　线框的常用操作有"线型"、"线宽"和"线宽方向"，也可以通过控制窗口设置。

二、花边

　　选择"窗口"——"线型与花边"，弹出浮动窗口，选中需要设置花边的图元，在线型下拉列表里选择"花边"。单击花边图案，或者在"编号"编辑框内输入花边的编号，即可为所选图元设置花边效果，为花边设置粗细、颜色和线宽方向。

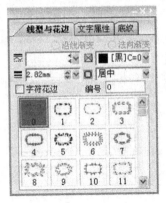

　　飞腾创艺提供上百种花边，可作为图元、图像和文字块的边框（但不能作椭圆或曲线）。另外，还可使用指定的字符作为花边。选中"字符花边"，在"字符"编辑框里输入一个字符（英文、中文或数字），在"字体"下拉列表里选择字符所要设置的字体即可。

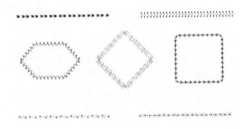

三、底纹

选中图元，选择"窗口"——"底纹"，弹出浮动窗口。

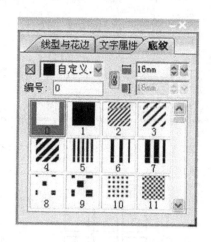

鼠标单击底纹图案，或者在"编号"编辑框内输入底纹对应的编号，即可将底纹作用于所选图元。在"颜色"下拉列表里设置底纹颜色，"宽度"和"高度"编辑框用于调整底纹的图片的尺寸，控制底纹疏密程度。

飞腾创艺共提供 273 种底纹，可作用于图元、文字块和表格。

步骤三：试试其他特殊效果

一、矩形分割

在版面上画一个矩形，并选中该矩形块。执行"美工"——"矩形分割"，弹出"矩形分割"对话框。设置对话框中的有关选项，如"纵分割"为4，"纵间隔"为 2 mm，"横分割"为 3，"横间隔"为 2 mm。

矩形分割 ✕

宽　度：　34.851mm　　　高　度：　44.536mm

横分割(<u>T</u>)：　3　　　　横间隔(<u>K</u>)：　2mm

纵分割(<u>V</u>)：　4　　　　纵间隔(<u>J</u>)：　2mm

确　定　　取　消

点击"确定"后，该矩形变为 12 个大小相等、每个相邻 2 mm 的矩形。这一功能可用来制作简单的表格。

如果要将多个矩形合并，可同时选中这些矩形，执行"美工"——"矩形变换"——"矩形合并"选项，可以生成一个包含所有矩形的最小矩形，合并前选中的矩形同时被删除。

二、透视效果

飞腾创艺透视效果分为扭曲透视和平面透视。选择工具箱中的扭曲透视工具 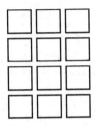 或平面透视工具 ，将光标置于图元控制点，光标变为手形，按住鼠标左键拖动到满意的效果即可。可以进行透视的对象包括图元和转换成曲线的文字。透视使图形看起来有一种由近及远的感觉。

三、图元勾边

一种是直接勾边。使用选取工具选中需勾边的图元，选择"窗口"——

"图元勾边"，在浮动窗口中的"勾边类型"下拉列表里选择"直接勾边"。在"勾边内容"下拉列表里可以选择"一重勾边"（在原线框内外添加一层边框）或"二重勾边"（在一重勾边的基础上再加一层边框），再设置勾边线的颜色和粗细。

这样可以在图元边框线的内外两侧同时勾边。

另一种是裁剪勾边。当图元压图时，往往不能清晰地显示图元轮廓，此时可以对压图部分的图元勾边，给图元添加与底图色差较大的边框，以突出图元。选中要裁剪勾边的图元（可以选中多个，同时设置这些图元的裁剪勾边），选择"窗口"——"图元勾边"，在"勾边类型"下拉列表里选择"裁剪勾边"。勾边对象指设置裁剪勾边的图元压在何种对象上有裁剪勾边的效果，选中"图像"，则图元压在图像上时有勾边效果；选中"图形"，则图元压在图形上时有勾边效果。选择"一重勾边"或"二重勾边"，设置勾边颜色、粗细后就可以完成了。

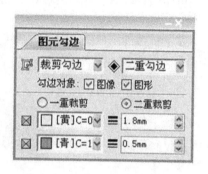

选中"二重勾边"时，可选择"一重裁剪"（裁剪掉不压图部分第二层勾边效果）和"二重裁剪"（裁剪掉不压图部分全部勾边效果）。

四、立体阴影

选中图元（或图像、文字块），选择"窗口"——"立体阴影"，弹出浮动窗口。

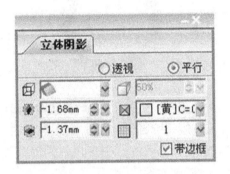

在"立体效果"里选择一款立体效果后，即可激活各项设置。选择"平行"或"立体"，在"立体效果"下拉列表里，单击某图标，应用该立体效果。当应用类型为透视效果时，激活"透视深度"微调框，定义立体底纹透视效果的程度。另外，还可设置 X 方向偏移和 Y 方向偏移（平行或透视后的图元中心相对于原图元中心的偏移值）、底纹和颜色、带边框等。

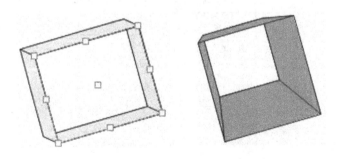

五、角效果

使用选取工具选中矩形（或其他图元），选择菜单"美工"——"角效果"，弹出"角效果"对话框。

在"效果"下拉列表里选择一种角效果，可以得到相应效果。在设置的过程中，保持"预览"的选中状态，即可实时查看版面效果。如果选中"四角连动"，当设置了矩形一个角后，其他角也相应连动。

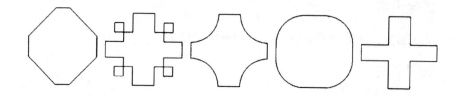

六、复合路径与路径运算

选中多个图元，如果执行"对象"——"复合路径"，可以合并成为一个图元块，重叠部分镂空，即被挖空，其他部分图元线型颜色与最上层图元相同。如果执行"对象"——"路径运算"，则可在二级菜单里选择运算类型（包括"并集"、"差集"、"交集"、"求补"和"反向差集"），可将原来的几个图元在运算后形成一个独立的图元。最终图元的属性在做"并集"、"交集"、"求补"或"反向差集"时取上层图元的属性，在做"差集"运算时取下层图元属性，与选中先后顺序无关。

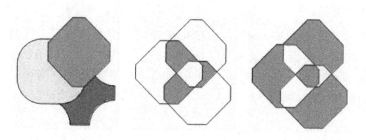

七、块变形

使用选取工具选中图元，选择菜单"美工"——"块变形"，在二级菜单中选择所需要的类型。使用这一功能，可以将任意图元、文字块和图像快速转为矩形、圆角矩形、菱形、椭圆、多边形、对角直线、曲线。

实验总结

图形指的是在飞腾软件中鼠标绘制的单线图，原理与矢量图一样，不受像素的限制，这与导入的图片不一样，两者要区分开。图形的变换可以很简单，如线型换一换，加粗一下，摇身变成花边，灌入底纹；也可以很复杂，如复合路径运算，用并集、交集、差集实现一个图形集合体，那就不是手画出来的而是算出来的图案了。

4.2 实验二：图像处理

实验内容

排入图像，体验飞腾软件对图片的各种处理。

实验目的

1. 学会排入图像。
2. 学会使用图像裁剪、图像勾边、图像去背。
3. 学会使用阴影、羽化、透明等美工效果。

实验步骤

步骤一：图像的排入

飞腾创艺支持排入八种类型的图像格式：TIF、EPS、PSD、PDF、BMP、JPG、PS、GIF。需要注意的是，排入多页的 PDF 文件时，系统默认排入第一页。但由于多页 PDF 会导致文件变大，所以建议排入单页 PDF 文件。

选择"文件"——"排入"——"图像"，或者单击标准工具条中的 📁 按钮，弹出"排入图像"对话框。选中需要排入的图像（可以按住 Ctrl 键或 Shift 键选取多个图像，一次性排入版面），选中"预显"，显示选中图像。在预览区域下方点击"检视图像信息"按钮，即可查看图像原始信息。单击"确定"按钮即可进入排入图像状态。

当光标变为排入状态时，可以通过以下几种方法将图像排入版面：一是将光标在版面的合适位置单击，即可按原图大小排入图像。二是按住鼠标左键在版面拖画，将图像排入指定区域，拖画时按住 Shift 键，则可以将图像等比例排入版面。三是将光标点击到图框上，即可将图像排入图框。如果使用文字 T 工具插入到文字中，执行排入图像操作，可将图像排入文字之中。选中"文件"——"工作环境设置"——"偏好设置"——"图像"里"自动带边框"选项，则图像排入时默认带黑色边框。

步骤二：图像基本编辑

一、图像边框操作

飞腾创艺图像带有边框。按住 Ctrl 键，使用选取工具拖动图像控制点，即可拉伸边框，此时框内的图像大小不改变，只改变图像显示区域。使用穿透工具点击图像，也可单独选中图像。拖动图像即可调整图像在框内的显示部分。可以单独调整图像边框大小，通过改变边框大小裁剪图像，也可以单独选中框内的图像，调整图像显示区域。

二、调整图像大小

可以将图像和边框作为一个整体调整大小，也可以单独调整边框内图像的大小。使用选取工具选中图像，将光标置于控制点拖动即可调整图像大小，按住 Shift 键可等比例调整。

也可使用穿透工具选中图像，将穿透工具置于节点上，按住鼠标左键拖动，即可调整图像大小。也可以切换到选取工具，将选取工具置于图像控制点，拖动即可。

三、图框适应

通过图框适应可以使图像与边框匹配。使用选取工具选中图像，选择"对象"——"图框适应"，在二级菜单中选择"图居中"、"框适应图"、"图适应框"或"图按最小边适应"。

四、图像显示精度

选中图像，选择"显示"——"图像显示精度"，在二级菜单中可以选择"粗略"、"一般"、"精细"或"取缺省精度"。

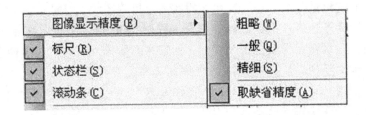

排入图像时默认为"取缺省精度"品质显示。图像精度越高，显示越清晰，但显示速度较慢。如选择"显示"——"不显示图像"，版面上只显示图像的轮廓和对应的文件名。

步骤三：图像的裁剪操作

一、裁剪工具

从工具箱里选取裁剪图像工具 ，单击图像，拖动图像边框控制点，即可裁剪图像。此外，按住 Ctrl 键，使用选取工具拖动图像边框控制点也可以裁剪图像。

二、剪刀工具

双击剪刀工具 ，弹出"剪刀工具"对话框。可设置剪刀工具的精度

（分高、中、低三档），精度越高，剪刀轨迹越光滑，节点越多。

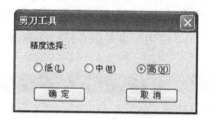

　　使用选取工具选中图像，选择工具箱里的剪刀工具，在图像上画出分割线，即可裁剪图像。画线时按住 Shift 键即可沿直线裁剪。

　　也可以使用剪刀工具在边框上设置断点裁剪图像。将剪刀工具置于图像边框上，当光标变为 ✛ 形状时，单击边框，设置第一个断点，然后点击第二条边框，设置第二个断点，则以两点之间的直线为分割线，裁剪图像。

　　如想实现抠洞效果，可使用选取工具选中图像，选择工具箱里的剪刀工具，在图像内画出封闭区域时，即可提取图像中部分区域。

三、图像勾边

　　选中带背景的图像，选择"美工"——"图像勾边"，弹出"图像勾边"对话框。选中"图像勾边"选项，激活设置，使用默认设置，点击预览，查看勾边效果。通常情况下，系统根据选中的图像，自动设置最佳临界值，如果效果不理想可调整临界值和容忍度。操作过程中单击"预览"按钮，可以查看设置效果，点击"确定"即可完成操作。如果需要恢复原图，可以选中图像，在对话框中取消"图像勾边"选项即可。当图像背景与主体物对比度相差较大或背景单一时，可以使用图像勾边直接清除背景图。

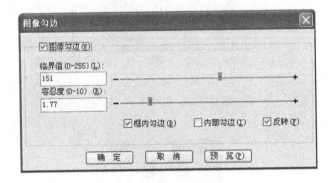

　　在"图像勾边"对话框中，选中"内部勾边"，则清除主体物内部与背景相似的颜色。选中"反转"，则勾边时清除主体物，保留背景。

四、图像去背

　　排入图像（如人物图），使用选取工具选中图像，选择"美工"——"图像去背"——"框选区域"。将光标置于图像上，绘制去背区域。

　　如果不满意，可以松开鼠标后，重新绘制。选择"美工"——"图像去

背"——"自动去背"即可去除背景。如果图像周围有多余的部分，可以选中穿透工具，点击图像，看到图像的裁剪路径，使用穿透工具拖动节点裁剪掉多余的部分。可以双击节点删除节点，也可以双击曲线增加节点。

当图像背景比较复杂，或者需要截取图像某一部分时，可以使用这一功能。如果对去背效果不满意，可以重新选择"美工"——"图像去背"——"框选区域"，则图像恢复原貌，可重新操作。如果图像周围有多余的部分，切换到删除节点工具，可以删除多余部分。

五、裁剪图像

当图像色彩复杂时，需要使用钢笔工具勾图，配合裁剪图像的功能即可将图像轮廓勾画出。选择钢笔工具，沿图像轮廓勾画封闭路径。

使用选取工具，同时选中图像和路径，选择"美工"——"裁剪图像"，可以按图形外框形状裁剪图像。

如果需要清除图像中间区域，可使用钢笔工具勾出中间区域。选中图像和路径，选择"对象"——"路径运算"——"差集"，也可以得到最终效果。

六、裁剪路径

用选取工具选中需要作裁剪路径的图元，选择"美工"——"裁剪路径"，即可为图元设置裁剪路径。将需要被裁剪图像与图元重叠放置，可在右键菜单里选择"成组"。使用穿透工具选中图像，即可移动图像，调整图像在边框内的显示区域。

如果想将裁剪路径转为边框，可以使用选取工具选中带裁剪路径的图像，在右键菜单里选择"将裁剪路径转为边框"。图像的裁剪路径可以是排入飞腾创艺的图像自带的路径，也可以是在飞腾创艺里对图像执行"图像勾边"和"图像去背"后，形成的图像裁剪路径。

步骤四：阴影、羽化、透明

飞腾创艺可以在文字、图元和图像上制作阴影、羽化、透明效果。当为文字制作阴影、羽化或透明效果时，需要使用选取工具选中文字块；得到效果后可以保留文字属性。

一、阴影

选中需要制作阴影效果的对象，选择"美工"——"阴影"。在"阴影"对话框中设置阴影各选项。

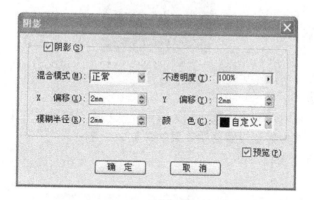

选中"预览"，可在版面上看到设置的效果。设置完成后，点击"确定"，即可将阴影效果作用于对象。如果需要取消阴影效果，取消"阴影"的选中状态即可。

二、羽化

选中需要制作羽化效果的对象，点击"美工"——"羽化"，设置羽化的宽度和角效果。

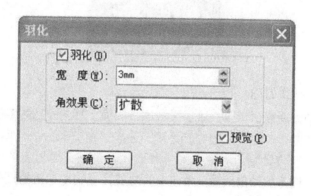

选中"预览"选项，可以查看羽化设置效果。点击"确定"，将设置作用于图像。如果需要取消羽化效果，取消"羽化"的选中状态即可。

三、透明

飞腾创艺可以对文字、图元和图像等各种对象设置透明效果，透过对象显示下层图案。选中需要设置透明效果的对象，点击"美工"——"透明"，弹出"透明"浮动窗口。

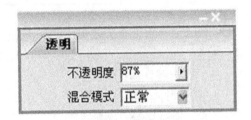

在"不透明度"里设置不透明度，也可以点击右边的三角按钮，拖动滑块设置不透明度。在"混合模式"下拉列表里选择"正常"或"叠底"，选择透明对象与下层对象重叠部分的效果。如果需要取消透明设置，将不透明度恢复为100%即可。

步骤五：图像管理

通过图像管理窗口可以查看图像状态，版面上缺图或更新图像时，将自动弹出图像管理窗口，显示缺图或已更新。选择"窗口"——"图像管理"，弹出"图像管理"浮动窗口。在"图像管理"浮动窗口里显示图像的状态、文件名、页面、格式和颜色空间。单击各个标签可以将图像重新排列。

在"图像管理"窗口底部，有一排特别功能的按钮，可以执行更新图像、重设图像路径或打印图像信息等操作。

更新和全部更新：在"图像管理"窗口选中修改过的图像，单击"更新"按钮，可以将修改结果更新到版面上。单击"全部更新"按钮，则将所有做过修改的图像全部更新到版面上。

激活：在图像管理窗口中选中某张图像，按"激活"按钮，跳转到该图像所在页面，并选中图像。

重设：选中图像，单击重设按钮，弹出"排入图像"对话框。选择重设的图像，点击"打开"，可以在当前图像位置重新排入图像。图像文档更名后，也需要重设图像。"按原图属性设定"表示按照即将导入的图像原始大小导入版面。"按之前版内图像属性设定"表示图像按照版面内图像的大小、缩放、旋转等属性导入。

图像信息：选中图像文件，按此按钮，可以查看选中图像的文件名、保存路径、颜色和格式等信息。上图中"RGB"用红色表示，红色代表警示，因为印刷需要 CMYK 模式的图片，上述图片不符合印刷要求。

另存：可以将"图像管理"窗口显示的图像信息输出为文字文件"＊．TXT"。

打印：可以将"图像管理"窗口显示的图像信息打印到纸上。

图像保存路径做过更改或图像文档文件夹更名后，需要重新建立图像路径。方法是在图像管理窗口内选中图像，点击右上角的三角形按钮，在菜单里选择"路径重设"，选择图像新路径，并且选中"更新此路径下所有图片"，点击"确定"即可更新所有图像链接路径。如果不选中此项，则仅更新选中图像的路径。

除进行图像管理外，还可了解图像信息。选中图像，在右键菜单中选择"图像信息"。在弹出的对话框中可以了解到选中图像的保存路径、更新时间、Profile 文件、格式、颜色、大小和分辨率等信息。

具有管理功能的还有启动图像编辑器。选中图像，单击"编辑"——"启动图像编辑器"，在对话框中选择图像处理软件。如果选中"始终用该程序打开"，则以后不弹出对话框，始终用选中的同一个图像处理软件。单击"确定"，即可启动图像处理软件，并将图像文件开启在当前窗口。这一功能可使用户直接从飞腾创艺激活第三方图像处理软件修改图像，结果将自动更新到版面上。

步骤六：特殊的图像效果

一、转为阴图

使用选取工具选中图像，选择"美工"——"转为阴图"，即可将图片转为阴图。

取消所选即可将阴图恢复到原始状态。通过这一功能，可以将图像转为类似照片底片的效果。但 PDF、PS 和 EPS 格式的图像不能转为阴图。

二、灰度图着色

使用选取工具或穿透工具选中灰度图，选择"美工"——"灰度图着色"，在二级菜单里选择着色模式（包括逆灰度、红色、绿色、蓝色、黄色、青色等），即可为灰度图着色。也可以在二级菜单里选择"自定义"，自定义颜色，制作特殊的图像效果。

另一种方法是选中图像，在"颜色"或"色样"浮动窗口里为灰度图着色。使用穿透工具和选取工具，可以得到两种不同的着色效果。使用穿透工具选中灰度图，在"色样"（或"颜色"）浮动窗口中选中"底纹"按钮，单击色样即可为灰度图着色，效果与使用菜单的着色效果一样。使用选取工具选中灰度图，通过"色样"或"颜色"浮动窗口着色时，着色的效果铺满边框，同时也为灰度图蒙上一层色彩，形成图像的透底效果。

三、背景图

选中文字块或图元，选择"对象"——"背景图"，在对话框中选中"背景图"，激活选项。在"图像路径"的编辑框里输入背景图的绝对路径及文件名，或通过"浏览"按钮，在"排入图像"对话框选择背景图。

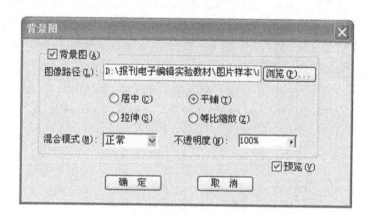

然后可以设置铺底效果，背景图排入后有居中、平铺、拉伸、撑满、等比例缩放等效果。其中等比例缩放指背景图排入后，以最短的一个边等比例缩放，适应排入区域。通过"混合模式"可以选择正常或叠底效果，正常即按原图铺底，叠底即镂空图像背景。在"不透明度"编辑框内可以设置铺底图像的不透明度，也可以单击编辑框右边的三角按钮，拖动滑块选择不透明度。选中"预览"可以查看版面设置效果。

单击"确定"即可完成铺底效果。这样可以对文字块、图元设置背景图片。取消"背景图"，则可清除已经设置的背景图。

四、自动文压图

当有图像压在文字块上面时，选中文字块，选择"美工"——"自动文压图"，则所有图像均调整到文字块下面，避免文字压图的情况。

实验总结

方正飞腾创艺 5.0 与旧版飞腾软件相比，图像处理的功能大大增强，如图像勾边、自动去背、阴影、透明、羽化、剪刀工具，它们实现的图片编辑效果可以与专业的图片处理软件相媲美，能够满足报刊编辑的需要，而且操作简便、节约时间，很值得推荐。

5 颜色编辑和表格排版

5.1 实验一：颜色编辑

实验内容

在飞腾创艺中进行颜色设置，可以通过"颜色"窗口为各种对象着色，并将颜色保存为色样。通过渐变工具、颜色吸管可实现丰富的颜色效果。

实验目的

1. 掌握单色、渐变色的设置方法。
2. 学会编辑和保存色样。

实验步骤

步骤一：单色

选择"窗口"——"颜色"，弹出"颜色"浮动窗口。

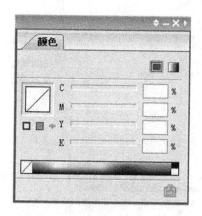

单击单色按钮▣。选中着色对象（文字块、线条、图元、底纹、表格单元格等），在"颜色"窗口选择填色对象类型。为对象着色有三种方法：一是在 CMYK 编辑框内输入颜色值，也可以分别拖动滑块选择数值。二是将鼠标置于彩虹条上，吸取颜色值。三是单击"颜色"窗口顶端的 按钮，在原有浮动窗口下弹出颜色空间面板；单击按钮ⓒ，在颜色空间 C、M 之间循环切换；将鼠标置于彩条上，当光标变为手形时，单击鼠标左键即可指定需要选取的颜色范围；最后，将鼠标置于颜色区域里，当光标变为吸管形状时，单击鼠标左键即可为对象着色。

飞腾创艺默认的颜色模式为 CMYK 模式，通过"颜色"窗口右上角的按钮 ，用户可以将模式修改为 RGB 模式、灰度模式或专色模式。各种模式的选择标准为：如果排版生成的结果最后用于印刷，在排版时通常使用 CMYK 模式定义颜色；如果排版的结果直接从彩色喷墨打印机输出，则可以使用 RGB 模式；灰度模式中只存在灰度（0~100%），如果排版结果用于印刷，一般不用这种方式；只有个别做广告和装帧设计的高档用户才会用专色模式，对油墨和设备的要求也较高。

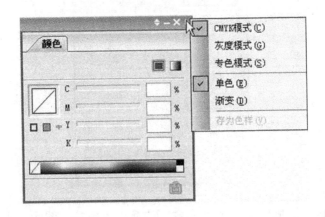

步骤二：渐变色

在"颜色"浮动窗口里单击渐变色按钮 ，切换到"渐变色"对话框。选中着色对象，在"颜色渐变类型"下拉表里选择渐变类型，如线性渐变、双线性渐变、方形渐变、菱形渐变、圆形渐变、锥形渐变、双锥形渐变。单击分量点，在 CMYK 编辑框内指定颜色值（或在"色样"下拉表里选择色样）。拖动两个分量点中间的菱形滑块，可以调整分量点间的颜色渐变位置。双击颜色条，可以添加分量点；将分量点拖动到颜色条最左端或最右端，或向下拖动分量点，即可删除分量点。单击"反向"按钮，可以反转渐变方向。选中分量点，在"位置"编辑框内可以指定分量点在颜色条上的位置。

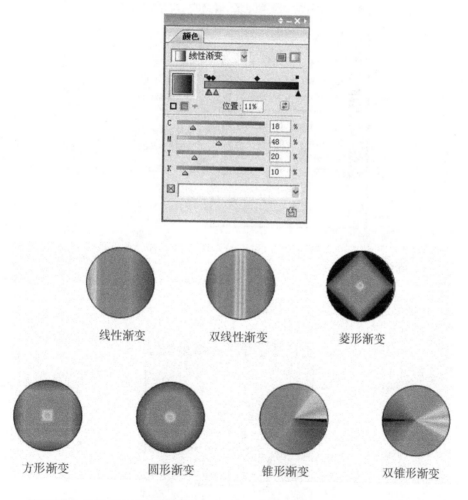

线性渐变　　双线性渐变　　菱形渐变

方形渐变　　圆形渐变　　锥形渐变　　双锥形渐变

使用渐变工具可以为对象着色，还可以调整渐变中心和渐变角度。选中带底纹的对象，选择渐变工具，在版面上画出任意角度的线段，即可为对象添加渐变色。

选中填充了渐变色的对象，可以选择"美工"——"渐变设置"，设定渐变中心和渐变角度的精确值。

步骤三：色样

将颜色保存为色样，需要时直接调用即可。色样表支持导入／导出操作，可以在不同的机器或文件间共享色样表。

选择"窗口"——"色样"，弹出"色样"浮动窗口。色样后的图标 ✗ ，表示色样不可编辑（飞腾创艺自带的色样不可编辑）。色样后的图标 ▧ ，表示色样为 CMYK 颜色模式。

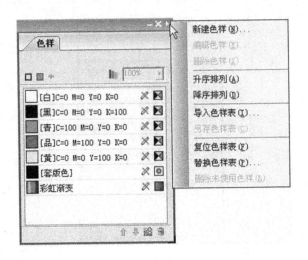

一、新建色样

单击"色样"浮动窗口底部的按钮或单击右上角按钮，在扩展菜单里选择"新建色样"，就会弹出"新建色样"对话框。

取消"自动命名"，在编辑框内指定色样名称。通过颜色空间可以设置颜

色色值。在"色样"浮动窗口里双击色样，弹出"编辑色样"对话框，可以修改色样颜色值或名称。

新建色样还可以通过"颜色"浮动窗口来实现：在窗口扩展菜单里选择"存为色样"，弹出对话框，在"色样名称"编辑框中为色样命名，确定后即可将当前颜色值保存为色样。

二、应用色样

选中对象，在"色样"窗口单击，选择填色对象为边框、底纹或文字。单击色样，则将选中色样应用于对象。选中已着色的对象，在浮动窗口的"色调"编辑框内输入色调值，或单击编辑框右边的三角按钮，拖动滑杆设置色调值，可以调整色调。

三、编辑色样

在"色样"窗口双击色样，弹出"编辑色样"对话框，可以修改色样颜色值或名称。如果想批量修改使用了同样色样的对象的颜色，可以通过"编辑色样"修改颜色值，点击"确定"后即可将对象全部修改。

如果想删除色样，可以按住 Ctrl 键或 Shift 键选中多个色样，单击"色样"窗口底部的按钮 ，或在窗口扩展菜单中选择"删除色样"，弹出"删除色样"对话框。选择"直接删除"，可以直接删除色样，保留应用了原色样的对象颜色；选择"替换为"，可以选择一种替换色样，应用了原色样的对象的颜色更新为替换色样，单击确定即可。如果选中多个色样，可通过"确定"、"全部"、"跳过"、"取消"等按钮进行相应操作。

四、导入／导出色样表

单击"色样"窗口右上角的按钮，在扩展菜单里选择"另存色样表"，弹出"另存为"对话框，选择要保存文件的驱动器和文件名，在"文件名"文本框中输入该色样表文件名。单击"保存"按钮，在所选目录下将生成一个后缀名为"＊.clr"的文件。

这个色样文件可以应用到另一个文件或另一台机器里。单击"色样"窗口右上角的按钮，在扩展菜单里选择"导入色样表"，弹出"打开"对话框，在"文件类型"里选择"＊.clr"，可选择一个色样表文件。

单击"打开",弹出"选择色样"对话框,在"源色样表"中选中需要导入的色样,单击 ▭ 按钮添加到"导入色样"里,单击 ▭ 按钮则全部添加。单击"确定"即可将色样全部添加到当前的色样表里。

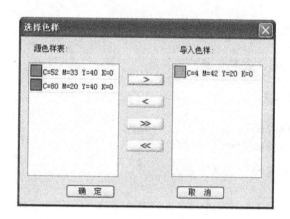

步骤四:颜色吸管

单击工具箱中的颜色吸管 ⃰ ,将光标移动到图像上需要吸取颜色的地方,单击鼠标左键吸取颜色。将吸取了颜色的吸管单击需要着色的图元,或拖黑需要着色的文字,即可着色。操作过程中,如果按 ESC 键或点击空白处可以清空吸管中所吸取的颜色。为图元着色时,吸管单击图元边框则为边框着色,单击图元内部则为图元铺设底纹。

将吸取了颜色的光标在"色样"窗口空白处单击，弹出"存为色样"对话框，为色样命名后，单击"确定"后即可将吸取的颜色保存为色样。

实验总结

CMYK 是四种印刷油墨英文名称的首字母和尾字母组合：青色（Cyan）、品红色（Magenta）、黄色（Yellow）、黑色（Black）。当我们阅读报纸书刊的时候，要借助光线照射到印刷品上再反射到我们的眼中，我们才能看清内容。这些依赖外界光源的色彩都是由 CMYK 四种油墨调和出来的，因此 CMYK 又称为减色模式，是印刷品指定的颜色坐标。通常数码相机拍摄的是 RGB 照片，排入飞腾之前，需要在 Photoshop 里修改颜色模式，变为 CMYK 之后的图片才可以用吸管定位色彩数值，引用到新的对象。建立色样这个功能可以帮助我们迅速找到常用色彩的 CMYK 组合，例如大红色的 CMYK 数值是（0，100，100，0），绿色对应（100，0，100，0）。软件可以记录更多个性化的色彩，无须反复输入数字，令排版更加方便快捷。

5.2 实验二：表格排版

实验内容

新建一个表格，改变其属性，并灌入文字。

实验目的

1. 学会新建表格。
2. 能够改变表格属性。
3. 能够设置表格中的文字属性。

实验步骤

步骤一：新建表格

飞腾创艺中的表格功能强大，使用方便，比以往的飞腾版本增加了许多新功能。

一、创建表格

（1）选择工具箱中的"表格画笔"按钮。

（2）在版面上拖画出一个矩形，即表格外边框。然后在这个表格中左右或上下拖动鼠标，释放鼠标后，在表格中生成新表线。如果按下或抬起鼠标键的位置在表格外，那么画线操作不起作用。选择"表格橡皮擦"，在要删除的表线段上按下鼠标左键且不要抬起，拖动鼠标产生一条虚线并使这条虚线与要删除的表线重合。抬起鼠标左键，表线段被删除。应尽量使虚线靠近要被删除的表线段。

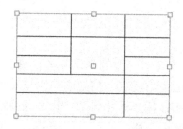

（3）使用菜单命令新建表格。

单击"表格"——"新建表格"，弹出"新建表格"对话框。

（4）通过"高度"、"宽度"、"行数"、"列数"等子对话框，可以设置整个表格所占的高度、宽度、行数、列数等。各个项目设置完成后，单击"确定"即可生成表格。通过"新建表格"对话框中的常规参数和高级设置，可以进一步设定表格的属性和单元格属性。

二、表线和表格基本操作

（1）移动表线。选中工具箱中的表格工具，将光标靠近要移动的表线，按住鼠标，并向所需的方向移动。释放鼠标，即可把表线移到所需的位置。

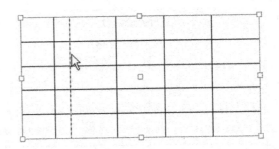

当直接拖动表线时，只会移动当前表线，其他表线不动。当按住 Shift 键时，当前表线以右和以下的所有表线都要被移动，并保持其相对位置不变。当按住 Ctrl 键时，只移动当前表线中鼠标单击位置附近能移动的最短的一段线段。按住 Ctrl + Shift 键，移动鼠标单击位置单元格的一段表线及该表线以后的所有表线。

（2）表格块的操作。选中飞腾的选取工具，单击要选中的表格块，用鼠标拖动表格块到想要的位置。复制、粘贴的操作与其他图元相同。

用选取工具选中表格，把光标移到表格外边框的控制点，即可调整表格大小。使用旋转变倍工具选中表格，即可执行旋转、倾斜和变倍操作。也可以选中表格，在控制窗口编辑框内设定缩放、倾斜和旋转的精确数值。后一操作需要在表格控制窗口的辅助面板中才能设定。

（3）选中单元格。选用工具箱里的文字工具，将文字光标靠近单元格边框，光标变为↗状时，进入选中状态，点击或拖动鼠标即可选中单元格。然后按住 Ctrl 键，点击其他单元格，即可选中所点击的多个单元格。

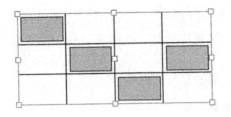

按住 Shift 键可以选中连续多个单元格，用按住鼠标左键不动、拖动光标的方法也可以实现这一操作。

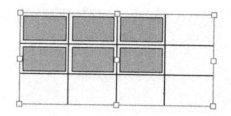

将文字光标靠近单元格左（上）边框，光标呈向下的箭头状态时，双击鼠标左键选中整行；光标呈斜上的箭头状态时，双击鼠标左键选中整列。

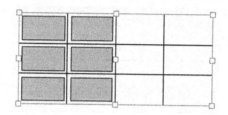

也可以使用菜单"表格"——"选中"，即可在二级菜单中选择选中类型：整行、整列、全选、反选、隔行、隔列或阶梯。

（4）行列操作。在表格中插入行/列、删除行/列、调整行高/列宽、锁定行高（设定选中行的高度固定不变）、在选定的多行/列范围内平均分布行/列，均可通过"表格"——"行列操作"来进行。

三、表格框架

通过表格框架模板，可以一次性完成对表格样式的设置，以及定义表格线框和表格文字属性等。

1. 应用表格框架

（1）使用选取工具选中表格。

小组赛日期	时间	对阵	组别	比赛地	场次
6月11日星期五	22:00	南非1–1墨西哥	A1–A2	约翰内斯堡(足)	01
6月12日星期六	02:30	乌拉圭0–0法国	A3–A4	开普敦	02
6月12日星期六	19:30	韩国2–0希腊	B3–B4	伊丽莎白港	04
6月12日星期六	22:00	阿根廷1–0尼日利亚	B1–B2	约翰内斯堡(埃)	03
6月13日星期日	02:30	英格兰1–1美国	C1–C2	兽斯腾堡	05

（2）选择"表格"——"应用表格框架"，在"表格框架"对话框的"框架选择"里选中一个模板，通过"预览"可以看到表格框架样式。

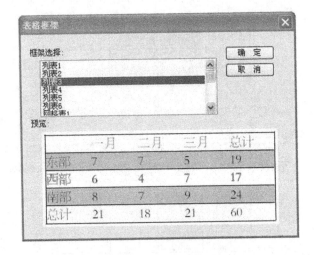

（3）选择一个样式，点击"确定"即可应用飞腾自带的模板样式。

小组赛日期	时间	对阵	组别	比赛地	场次
6月11日星期五	22:00	南非1-1墨西哥	A1-A2	约翰内斯堡(足)	01
6月12日星期六	02:30	乌拉圭0-0法国	A3-A4	开普敦	02
6月12日星期六	19:30	韩国2-0希腊	B3-B4	伊丽莎白港	04
6月12日星期六	22:30	阿根廷1-0尼日利亚	B1-B2	约翰内斯堡(堡)	03
6月13日星期日	02:30	英格兰1-1美国	C1-C2	鲁斯腾堡	05

如果系统自带的模板不能满足需要，使用者也可以自己定义表格框架。选择"表格"——"新建表格框架"，在"表格框架"对话框里点击"新建"按钮。在"框架名称"编辑框内为表格框架命名，在"属性应用在"下拉列表里指定属性应用范围。选中"属性应用在"后面的复选框后，即可激活属性设置。通过"文字属性"可以设置单元格文字的字体和对齐属性，通过"其他属性"可以设置线框属性和底纹属性，然后点击"确定"即可。如果需要修改表格，可以选中表格，点击"编辑"按钮。

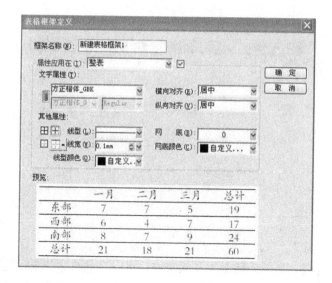

四、单元格操作

1. 单元格合并／均分

选中多个连续的单元格，单击"表格"——"单元格合并"，这些单元格可合并为一个。要选中规则区域才能执行上述操作。

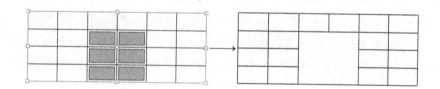

如果合并的多个单元格属性不同，则合并后取左上角单元格的属性。选中一个或多个单元格，单击"表格"——"单元格均分"，在"单元格均分"对话框中设置分裂的列数和行数，点击"确定"即可均分单元格。

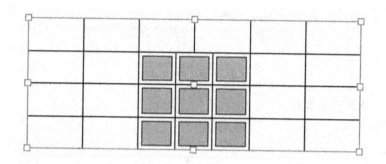

2. 单元格属性

选中一个或多个单元格，选择"表格"——"单元格属性"。

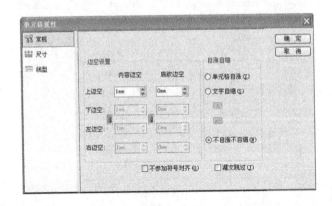

选择"常规",可以进行单元格的边空设定。内容边空表示文字区域与单元格外框的距离。当单元格设置了底纹时,可以在底纹边空里设定底纹与单元格外边框的距离。内容边空与底纹边空均可分别设定上边空、下边空、左边空和右边空的值,也可以单击连动按钮,使各边空值相等。选择"尺寸",在"高度"和"宽度"编辑框内输入调整的单元格的高度值和宽度值,可以调整单元格的尺寸。

选择"线型",单击窗口中的边框示意按钮,指定需要设置线型的单元格边线。当选中边框后,激活"线型设定"选项组。通过"线型"可以选择线型的样式,如单线、双线等。线宽可以设置线型的粗细值。间距指当选中线型为双线、文武线时,设置两线间距,以双线粗细的倍数为基准。颜色指设置边线的颜色。比例指用倍数的方式调整文武线的粗细,此倍数为相对文线的倍数。

3. 表格吸管

选中工具箱的表格吸管工具 ,单击需要吸取属性的单元格,此时光标变为吸满状态。将表格吸管移动到目标单元格,单击鼠标左键,即可将原单元格属性注入新的单元格。继续点击其他单元格,则将陆续为其他单元格注入单元格属性。鼠标单击版面空白处或按 ESC 键,可以清空吸管。这一操作可以将单元格的属性应用于其他单元格,实现属性的快速复制。可以复制的表格属性包括边空属性、自涨自缩、单元格的底纹、单元格的纵向对齐和横向对齐属性、单元格的文字属性。

五、表格中的文字

1. 输入文字

在文字状态下,选中要输入文字的单元格(即光标在被选中的单元格中闪烁),输入文字。如果输入的文字很多,单元格容纳不下,单元格可能自涨或文字自动缩排。按 Tab 键可将文字光标跳至下一个单元格,继续录入文字。按 Shift + Tab 键可返回上一单元格录入文字。用选取工具双击单元格,也可转为文字工具，定位到双击点所在单元格。

可用表格中的箭头工具选中多个单元格，同时改变这些单元格中文字的字体、字号，当然也可以用文字工具逐个进行修改。改变颜色的操作与此相同。单元格内的文字属性设置及段落属性设置与文字块内的文字属性设置操作和排版操作相同。

2. 表格灌文

选中某几个单元格（也可以选中整个表格），选择"文件"——"排入"——"小样（Ctrl + D）"，弹出"排入小样"对话框。选择要排入的小样文件（后缀为＊.TXT）。在"排入小样"对话框的"单元格分隔符"里选择"&"，并在"回车（换行）符转换"选项组选中"单元格分隔符"，单击"确定"即可。

向表格中灌文的顺序取决于表格的序。如果表格中单元格过少，无法容纳全部小样时，表格会出现表格续排标志，点击续排标志，光标变为 形状，用光标点击版面可生成续排表，也可以点击到空的表格，导入其他表格。

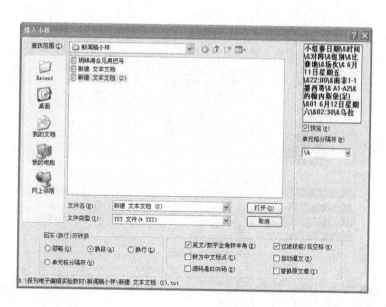

3. 未排完单元格

选中单元格，选择"表格"——"查找未排完单元格"，系统会自动选中未排完单元格。选择"表格"——"选中全部未排完单元格"，则自动选中表格里全部未排完单元格。

4. 表格内容的编辑

选中表格或单元格，或者将 T 光标置入单元格内，可通过"编辑"——"查找替换"来进行查找替换。在"查找范围"里选择"当前文章"、"当前文章前"、"当前文章后"时，可以从当前文字光标所在单元格开始，在整个表格内循环查找。

选中一个或多个单元格，按快捷键 Ctrl + C 可复制单元格。选中新的单元格，按 Ctrl + V 可将原单元格文字粘贴到新的单元格。如果新的单元格数目少于原单元格，则部分原单元格内容丢失。如果选中整行（一行或多行）单元格，按 Ctrl + C，然后将文字光标点击到任意单元格内，按 Ctrl + V，可以粘贴整行单元格（包括单元格内容和结构），表格会按原来行的结构新增几行单元格。

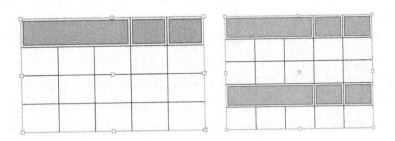

选中一个单元格，按 Ctrl + C 复制单元格内容。

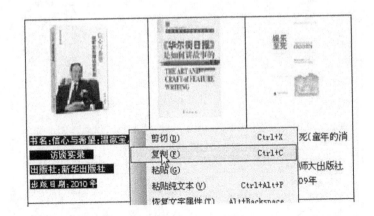

选中其他单元格，选择"表格"——"单元格内逐行文字属性粘贴"，即可在新的单元格应用复制的文字属性。

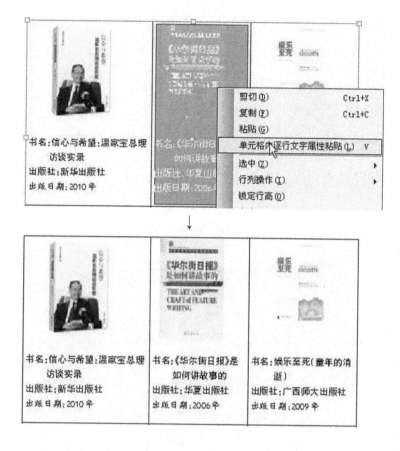

5. 移动单元格内容

想要移动一个单元格的内容的话，可按住鼠标左键拖动，光标变为 🔾 状态，拖动到新的单元格放开鼠标左键，则整个单元格内容移动到新的单元格。拖动过程中按住 Ctrl 键拖动，则光标变为 🔾 形状，表示复制单元格内容到新的位置。如果想通篇移动单元格，可在选中单元格后按下 B 键，在当前位置增加一个空的单元格，选中单元格及其后面的单元格内容会依次后移。按 F 键，则将当前单元格内容删除，当前单元格后所有单元格内容前移一个单元格。

6. 对齐

通过符号对齐可以使一列中的内容按指定符号（小数点、字母、汉字或其他特殊符号）对齐。选中规则的整列单元格。

单击"表格"——"符号对齐",弹出"符号对齐"对话框。

可在"对齐方式"里选择一种对齐方式,包括内容居左、内容居中、内容居右、符号居中等。选择"不对齐"即取消对齐设置。下图分别为内容居中、内容居右。

992.04	992.04
87.52	87.52
681.82	681.82
7.4063	7.4063
内容居中	内容居右

通过右键菜单里的横向对齐和纵向对齐可以指定文字在单元格内的排版位置。

六、表格线型、边框和底纹

1. 表格边框

可以通过表格控制窗口设置表格边框线。

选中表格，在控制窗口里首先选中边框按钮，然后设置线型和粗细即可。可以设置的表格边框包括表格全部框线、表格外边框和表格水平线和垂直线。

也可以使用选取工具选中表格，选择菜单"表格"——"表格外边框"。

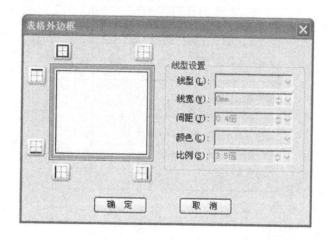

在弹出的"表格外边框"对话框中，单击窗口中的边框按钮，选中要设置线型的表格边线。边线按钮分别代表设置表格的四周边线，然后设置表格边框线的"线型"、"线宽"、"颜色"就行了。

还可以在"线型与花边"控制窗口设置线型，此时将设置表格全部框线。

如果要设置单元格线型，可以选中单元格，在右键菜单里选择"单元格属性"，在对话框里选择"线型"标签即可。也可以通过单元格控制窗口，选择边框按钮，设置线型和粗细。

2. 立体底纹

选中单元格，点击"表格"——"单元格立体底纹"，在弹出的对话框中选中"立体底纹"，激活选项设置。在"底纹"下拉列表里选择底纹类型，并在"底纹颜色"下拉列表里设置底纹颜色。调整底纹在 X 方向和 Y 方向的位移，在"边空"中设置底纹与单元格边框的间距，在"线型"、"线宽"和"线框颜色"下拉列表里设置底纹边框。

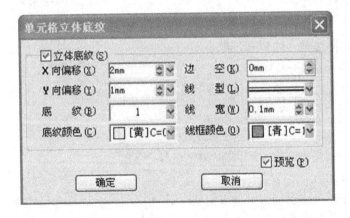

完成设置后点击"确定"即可。

	2008年	2015年	2020年
人才资源总量(万)	11385	15625	18025
每万劳动力中研发人员	24.8	33	43
高技能人才比例(%)	9.2	15	20
人力资本投资比例	10.75	13	15

七、表格块的操作

1. 分页表

分页表即将一个表格分为多个表格块，每个表格块之间均有连接关系，在一个分页表里删除行列，将影响到下一个分页表的结构及文字流动。分页表可分为纵向分页表和横向分页表。

生成纵向分页表的方法是：使用选取工具选中表格，将鼠标置于下边线中间的控制点，光标变为↕形状，按住 Shift 键与鼠标左键，向上移动鼠标压缩表格。

交易币种	交易单位	现价(人民币)	卖出价	现汇买入价	现钞买入价
英镑	100	1003.6	1012.08	1004.01	973.02
港币	100	87.66	87.84	87.51	86.8
美元	100	682.79	684.56	681.82	676.36
瑞士法郎	100	597.29	600.84	596.06	577.65
新加坡元	100	486.75	490.52	486.61	471.59
瑞典克朗	100	86.49	87.12	86.42	83.75
丹麦克朗	100	111.19	112.77	111.88	108.42
挪威克朗	100	105.12	106.63	105.78	102.52

交易币种	交易单位	现价(人民币)	卖出价	现汇买入价	现钞买入价
英镑	100	1003.6	1012.08	1004.01	973.02
港币	100	87.66	87.84	87.51	86.8
美元	100	682.79	684.56	681.82	676.36
瑞士法郎	100	597.29	600.84	596.06	577.65
新加坡元	100	486.75	490.52	486.61	471.59

松开鼠标，此时表格下边线出现分页标志，用鼠标单击续排标志，光标变为▐形状，在版面任意位置单击鼠标左键，或按住鼠标左键拖画出一个矩形区域，即生成新的分页表。

交易币种	交易单位	现价(人民币)	卖出价	现汇买入价	现钞买入价
英镑	100	1003.6	1012.08	1004.01	973.02
港币	100	87.66	87.84	87.51	86.8
美元	100	682.79	684.56	681.82	676.36
瑞士法郎	100	597.29	600.84	596.06	577.65
新加坡元	100	486.75	490.52	486.61	471.59

瑞典克朗	100	86.49	87.12	86.42	83.75
丹麦克朗	100	111.19	112.77	111.88	108.42
挪威克朗	100	105.12	106.63	105.78	102.52

生成横向分页表的方法类似，只是将光标置于侧面中间控制点，向左拖动即可。

如果想合并分页表，将选取工具置于带三角箭头的控制点，按住 Shift 键与鼠标左键，向下拖动到另一个分页表边线，松开鼠标左键即可。

如果想删除分页表，选中这个分页表，按 Del 键就可以了。如果选中一个分页表，按 Shift + Del 键，将删除所有分页表。

2. 斜线

使用文字工具选中需要设置斜线的单元格（一个或多个），单击菜单"表格"——"单元格斜线"，单击需要的斜线模板。可以在"线宽"和"颜色"下拉列表中设置线宽和颜色。

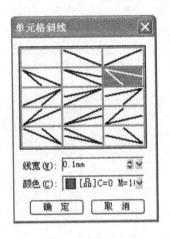

单击"确定"即可为单元格应用所选的斜线模板。

类型 人数 年份	2008年	2015年	2020年
人才资源总量(万)	11385	15625	18025
每万劳动力中研发人员	24.8	33	43
高技能人才比例(%)	9.2	15	20
人力资本投资比例	10.75	13	15

需要取消斜线时，在"单元格斜线"对话框里选择空白模板即可。

每个斜线区域自成一个独立的排版区域。选择文字工具，单击斜线区域，即可在斜线区域内输入文字。

3. 表头

可以为分页表设置相同的表头。选中要设为表头的行（必须是整行或整列），选择"表格"——"表头"——"设置"，即可为其他表格块自动添加表头。选中设定了表头的行或列，选择"表格"——"表头"——"取消"，即可取消表头。表格最后一行、最后一列是无法设置表头的。

4. 跨页表

当表格有未排完内容，出现续排标记时，有两种处理方法：一种是生成续排表，续排表与原表之间保持连接关系，这种用表格灌文就可以了；另一种是生成跨页表，即将未排完内容在后续页面上生成与原表结构相同的新表格。后一种方式的实现，可使用选取工具选中有续排标记的表格，点击"表格"——"自动生成跨页表"，设置有关参数，单击"确定"即可在后续页面中生成跨页表。如果一个跨页表排不下内容，则继续在下一页面生成跨页表，直到排完所有内容为止。

5. 阶梯表

选中表格第一行、第一列或最后一列的连续多个单元格，选择"表格"——"阶梯表"。在对话框中选择阶梯方向为正向或反向（正向为向右产生阶梯形状，反向为向左产生阶梯形状）。选择阶梯幅度为一行或两行，就可以生成阶梯表了。

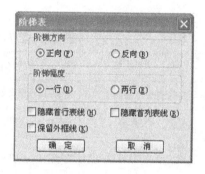

选择"隐藏首行表线"则阶梯表不显示首行表线；选择"隐藏首列表线"则阶梯表不显示首列表线；选择"保留外框线"则生成阶梯表后保留表格的边框。完成设置后，点击"确定"即可。

6. 表格设序

表格的序是文字灌入表格时单元格的排序。

1 组赛日期	2 时间	3 阵	4 别	5 赛地	6 次
7 月 11 日星期五	8 :00	9 非 1-1 墨西哥	10 -A2	11 约翰内斯堡	12
13 12 日星期六	14 :40	15 圭 0-0 法国	16 A4	17 开普敦	18
19 12 日星期六	20 :00	21 韩 2-0 希腊	22 B4	23 莎白港	24
25 12 日星期六	26 22:00	27 阿根廷 1-0 尼日利亚	28 B2	29 约翰内斯堡	30
31 13 日星期日	32 :00	33 兰 1-1 美国	34 C2	35 勒堡	36

可以在新建表格时，设置表格的序，也可以在新建完成后，调整表格的序。使用选取工具选中表格，或使用文字工具选中单元格，单击菜单"表格"——"表格设序"，在二级菜单中选择"正向横排"、"正向竖排"、"反向横排"、"反向竖排"，灌文就会按所选顺序依次将文字灌入单元格。

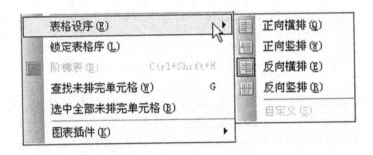

设序后如果需要查看序，按字母 O 键即可显示。

再次按字母 O 键，则退出序的显示状态。改变单元格排序后，单元格内容一般并不随着序的改变而移动。如果想自定义表格序，可以用文字工具选中一个或多个单元格，选择"表格"——"表格设序"——"自定义"。设置起始序号，单击"确定"。鼠标单击单元格，该单元格序号即为设定的起始序号，然后单击下一个需要设置序号的单元格，依次可为下一单元格设序。完成自定义序后，选择"表格"——"表格设序"——"自定义"，即可退出设序状态。

八、内容转换

1. 文本转表格与表格转文本

要想将版面上的文字块转为表格，需要首先定义好单元格分隔符。选择"文件"——"工作环境设置"——"偏好设置"——"表格"，设置单元格分隔符为"＼&"，表格换行符为"换行换段符"。在文字块里录入字符"＼

&"，每行之间以"换段符"结束。

```
年份\&2008年\&2015年\&2020年\&
人才资源总量(万)\&11385\&15625\&18025\&
每万劳动力中研发人员\&24.8\&33\&43\&
高技能人才比例(%)\&9.2\&15\&20\&
人力资本投资比例\&10.75\&13\&15\&
每万劳动力中研发人员\&24.8\&33\&43\&
高技能人才比例(%)\&9.2\&15\&20\&
人力资本投资比例\&10.75\&13\&15\&
```

选中文字块，选择"表格"——"内容操作"——"文本转表格"即可，这样就可以按表格分隔符的位置将文字转为表格了。

年份	2008年	2015年	2020年
人才资源总量(万)	11385	15625	18025
每万劳动力中研发人员	24.8	33	43
高技能人才比例(%)	9.2	15	20
人力资本投资比例	10.75	13	15
每万劳动力中研发人员	24.8	33	43
高技能人才比例(%)	9.2	15	20
人力资本投资比例	10.75	13	15

要想将版面上的表格转为文本，选中表格，单击菜单"表格"——"内容操作"——"表格转文本"即可转换为文字块。转换后的分隔符依据"文件"——"工作环境设置"——"偏好设置"——"表格"里的设定。

2. 排入表格/输出表格

排入表格：可以将 Excel 表格排入版面，并继续编辑该表格。排入 Excel 表格前，本地计算机上必须安装有 Excel 2000 以上的版本。选择"文件"——"排入"——"Excel 表"，弹出"打开"对话框，选择需要排入的 Excel 文件，单击"打开"，弹出"Excel 置入选项"对话框，选择需要排入的工作表。如果希望将 Excel 表里隐藏的行/列排入飞腾创艺，可以选中"置入隐藏行/列"。单击"确定"，将光标单击版面即可排入 Excel 表格。

这样排入的表格可以基本保留原表格属性，包括结构、尺寸、线型、底纹、文字属性及格式等，但原 Excel 表中的图表、柱状图、趋势线、批注、超链接、设置的文字角度等不转换。可转换的 Excel 表的高/宽最大值为 10 000 mm，超过此范围的内容不转换。

输出表格：整个表格或部分单元格内容可以直接另存为文本小样。使用选取工具选中表格（导出整个表格的内容），或使用文字工具选中任意多个单元格（导出选中单元格的内容）。选择"表格"——"内容操作"——"输出文本"，在"另存为"对话框中的"保存类型"下拉列表里选择"*.txt"或"*.csv"。选择保存路径，为输出的文件命名，点击"确定"即可。这样方便备份表格内容。

九、表格控制窗口

表格进行工作时，控制窗口有几种状态。一是选中表格，显示表格控制窗口，单击窗口顶端的"主"、"辅"图标可以切换两个窗口。

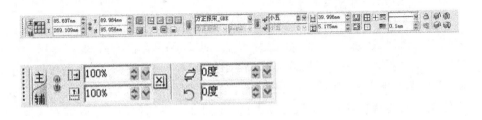

二是选中单元格，控制窗口如下所示。

三是文字工具插入单元格，进入文字编辑状态，则显示文字控制窗口。

实验总结

飞腾软件可以画出完整的表格，可以对表格的结构、尺寸、线型、底纹、文字格式等进行设置，相当规范。飞腾虽然有强大的制表功能，但不能完全保留 Word 和 Excel 中的表格样式，所以只能自己重新画表，重新导入柱状图或饼图等。需要注意的是，报纸中表格的样式相对 Word 里的表格要花哨很多，当然学术杂志里一般是常规的表格。

以下面这个"万圣节的时间演变"表格为例。

	夏天结束时	10 月 31 日	11 月 1 日	11 月 2 日
古代	"萨温节"（Samhain）			
公元 1 世纪起			"萨温节"（Samhain）	
公元 9 世纪起		"萨温节"（Samhain）	"万圣节"（All Saints' / Hallows' Day）	
公元 11 世纪起				"万灵节"（All Souls' Day）
公元 16 世纪起		"萨温节"（Samhain）被称作"万圣夜"（Halloween）		
现在		"万圣夜"（Halloween）	"万圣节"（All Saints' / Hallows' Day）	"万灵节"（All Souls' Day）

以上是典型的 Word 表格。

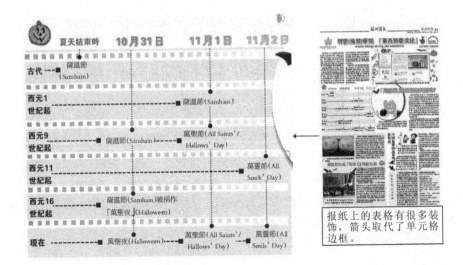

报纸上的表格有很多装饰，箭头取代了单元格边框。

同样的信息，这两个表格的观感大大不同，Word 里的表格显得单薄，不够吸引眼球，放在登载学术论文的杂志上没问题，但放在给大众阅读的彩印的报刊上就显得枯燥简陋。所以大家在绘制表格时，不要觉得只要完成就好，还要进行设计，设计过的表格不输于图片，一样漂亮。

6 报纸编辑实验项目

6.1 实验一：对开报纸版面的模仿制作

实验内容

模仿对开报纸头版，做一个版面。

实验目的

1. 学会对开报纸的版面设置。

2. 实践飞腾创艺 5.0 的常用工具栏功能：插入文字、字号字体设置、插入图片、图片裁剪、分栏。

3. 了解报纸版面的基本组成部分：报头、版组、版头、版心、页边距、报眉、中缝、标题、正文、基本栏。

实验步骤

步骤一：买一份对开报纸、读报，了解相关概念

在广州地区报亭可随时购买的对开大报有《南方日报》、《广州日报》、《南方周末》、《羊城晚报》等。

对开报纸举例	背景信息	宽×高	栏型（2010 年）
《人民日报》	中国共产党中央委员会机关报。1948 年 6 月 15 日，在河北省平山县里庄创刊。1949 年 3 月 15 日，迁入北京	390 mm×550 mm	6 栏

（续上表）

对开报纸举例	背景信息	宽×高	栏型（2010年）
《中国青年报》	共青团中央机关报。1951年4月27日创刊于北京	390 mm×550 mm	7栏
《南方周末》	周报，全国发行，隶属于南方报业传媒集团，创办于1984年。曾是大陆地区发行量最大的周报，最高发行量达到130万份。被称为中国最有影响力的媒体之一	340 mm×550 mm	6栏 最左边一栏是固定的报名区和导读区，呈现1～5结构
《羊城晚报》	中华人民共和国成立后创办的第一份综合性大型晚报。1957年10月1日在广州创刊。中国共产党广东省委员会主办	390 mm×550 mm	6栏 每栏19个字，128行
《南方日报》	广东省委党报	340 mm×550 mm	6栏
《广州日报》	广州市委党报	370 mm×550 mm	6栏和7栏都会用到

（1）报头：登载报名的区域。

（2）报眼：与报名平行的右侧区域，登载新闻或广告，该位置可以平衡双头条的排版（报名下方位置的新闻和报眼位置的新闻几乎同样显著）。现在也有很多报纸取消了报眼，用足够宽的报头覆盖。

（3）版组：又称"叠"，整份报纸根据内容主题划分成相对独立的一个个部分，如A叠、B叠。

（4）版心：又称"版芯"，即报纸除去四周留白后剩下的中间部分，是放置图片、文字等真正有内容的部分，标志着版面的容量。

（5）版线：版心周围的线条，天线（上边线），地线（下边线），版线不一定用线条勾勒出来，可以是无形的线，通过整齐的版心区域就可以区分出版心和边距。

（6）页边距：报纸上四周留白的地方。

（7）页面大小：等于版心加上页边距。

方正飞腾创艺5.0按钮区域的一些的约定术语：

（1）菜单栏：软件的各种功能都按照层级深藏于菜单之中，菜单栏里显示的是最上级的菜单功能，相当于给各功能分了大类。

文件(F)　编辑(E)　显示(V)　版面(O)　文字(T)　格式(O)　对象(D)　美工(A)　表格(R)　窗口(W)　帮助(H)

（2）工具栏：将常用功能做成了快捷按钮。

（3）信息栏：鼠标在 ![]状态下，选中某个对象之后，在信息栏里有该对象的相关信息，如位置、大小、倾斜角度、旋转角度，文字的字体、字号等。

（4）对话框（面板）：浮动的小窗口，都可以成为对话框或面板。

步骤二：组版

一、设置版面参数

（1）打开飞腾创艺 5.0，在"新建文件"对话框里点击"高级"按钮。

（2）版心调整类型和背景格样式按照下图设置。

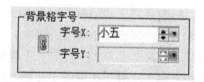

（3）设置背景格字号为小五。

（4）设边距大小，输入 15 mm，再点中间的曲别针按钮，这是一个联动按钮，可使上下左右的边距都自动变为 15 mm。

（5）设置版心参数。

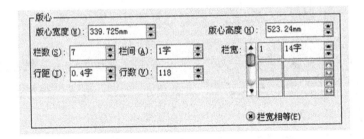

版心宽度和高度不必输入数值。栏数、栏间距、栏宽、行距、行数固定了，勾选"栏宽相等"之后，版心的大小也就固定了，因此上图中339.725 mm和523.24 mm都是飞腾创艺5.0这个软件计算出来的，不用我们输入。同理，因为一开始选择"自动调整页面大小"，所以"页面大小"底下的宽和高也无须输入。

（6）点击"确定"按钮，"高级"对话框被关闭，观察此时"新建文件"对话框里数值的变化。

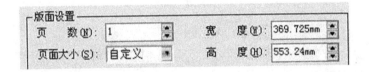

此时页面的宽高接近370 mm×550 mm。再点击"确定"，则"新建文件"对话框关闭，进入飞腾创艺5.0的主界面，我们看到一张白纸，其大小、形状都像报纸里的一个版面，等待我们一笔一画地来给这个版面填上内容。

自动调整页面大小，指当固定了版心参数（包括大小、多少行、多少栏）和页边距大小后，页面大小等于版心大小加上页边距，因此不用事先设置。

自动调整版心间距，指固定了页面大小以后，设置页边距，版心等于页面大小减去页边距，因此版心的大小最后也确定了，版心内部数值，多少栏，多少行，每栏多少字，都可以忽略不设。

在"新建文件"对话框里，给页面大小选择"4开"，注意对开大报的"对开"指展开报纸的张开（《广州日报》展开是550 mm×740 mm），对开报纸一个版面接近"4开"大小。

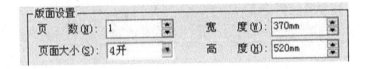

或直接设置为《广州日报》的大小 370 mm×550 mm。

步骤三：模仿制作 2009 年 3 月 9 日《广州日报》A1 版

一、报头制作

1. 插入文字，改变文字的字号、字体和颜色

（1）鼠标选中工具栏上的 **T**，在报纸页面上输入"广州日报"四个字，默认字体"方正报宋_GBK"、字号"小五"，在左上方的信息栏有相应的信息显示。

此时在全页显示的状态下，"广州日报"四个字小到几乎看不见，必须切换到实际大小，同时点击键盘上 Ctrl 和鼠标右键，切换到"实际大小"。

鼠标在 **T** 状态下将"广州日报"四个字抹黑，如下修改字体和字号。

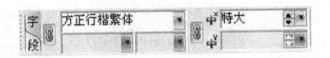

得到的效果如下：

（2）改变字的颜色："美工"——"颜色"——"自定义"。

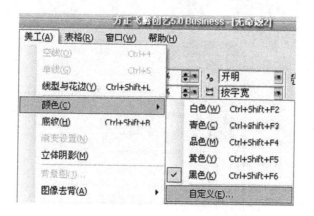

CMYK 是印刷领域的颜色模型，四个字母代表四个基础色调。
C：青色
M：品红
Y：黄色
K：黑色

可以在"颜色比例框" 里直接输入数值（0～100）或用鼠标在标

尺上点击，观察"颜色输出方框" 里面的色彩变化。 代表改变的是文字的颜色；给广州日报四个字选一个红色，效果如下：

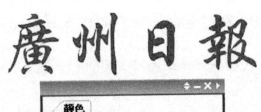

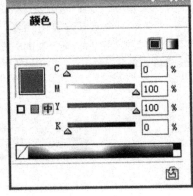

• （3）做倾斜字，将字拉大。

鼠标在 T 状态下选中"广州日报"四个字，找到信息栏中的"倾斜角度框"，由默认的 0 度改为 20 度。

点击工具栏中旋转与变倍图标" 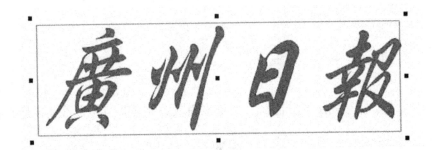 "，文字框四周出现方形黑点，拉住对角线上的黑点，可以改变文字大小，可伸展可压缩，不受字号限制，可以超过"特大"。

2. 画矩形线框

工具栏中找到矩形工具 ▢ ，回到设计面板中画一个矩形框，菜单栏里找到"美工"选"线型与花边"，发现默认的线条只有 0.1 mm 粗，默认的颜色也是黑色。改变线条粗细，由默认的 0.1 mm 改为 1 mm。在改变线条颜色，由默认的黑色改为青色。

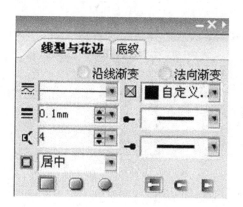

使用直线工具画直线。直线工具隐藏于矩形工具后面，需要按住鼠标左键向外拖动，会看到全部单线图形：矩形、椭圆、菱形、多边形、直线。

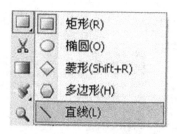

得到的图形如下，此时后画的两条直线粗细默认为 0.1 mm，颜色也默认为黑色，同样用"美工"下的"线型与花边"改变其粗细和颜色。

3. 画出等距平行线

保证多条线段等长、平行且间距相等，可以用"编辑"菜单下的"多重复制"功能。

（1）用直线工具 ＼ 画一条线段。

（2）选中该线段（注意鼠标要先点 ▶ ，后点击线段，才能称之为"选中该线段"）。

（3）"编辑"菜单下找"多重复制"，因为最后有五条平行线，所以重复次数为 4，水平方向没有偏移，垂直方向的偏移量即线条之间的距离，定为 1 mm。

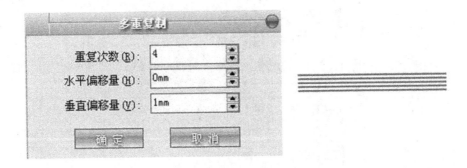

4. 排入图片

"文件"菜单下，选择"排入"，再选择"排入图像"，它的快捷按钮是

。跳出"排入图像对话框"，选择图像素材"广日logo．JPG"。

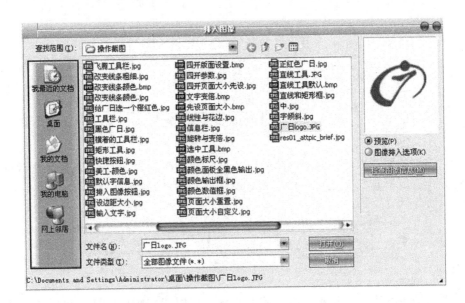

5. 输入剩余文字，得到完整报头

我们看到所有对象都有一个蓝色框，称之为"对象框"。在版面输出时是隐形的，不会影响排版效果，包括周围紫色的边线，也不会显示在输出的文件中。

注意：报纸版面上通常不画边线，它依赖文字和图片的位置摆放，给读者一个"边线确实存在"的印象。如这个报头左上角的"广日 logo"图片，其边缘紧贴着紫色边线，口号"追求最出色的新闻 塑造最具公信力媒体"也紧贴上边线，这些图和文构成了一个标准的矩形区域。

6. 随时保存

点击保存按钮 ⊟ （文件菜单下也有"保存"），选择存放文件的位置，我们发现飞腾创艺 5.0 原文件的后缀名为 vft，图标为 [VFT]。飞腾创艺 5.0 有一个灾难恢复功能，即使突然断电，重起软件第一个对话框就是询问是否恢复原来未保存的文档。但随时保存已完成作品是所有电脑创作最基本的要求，同学们应该培养这个习惯。

万正飞腾创艺5.0

是否启动自动恢复？选择"是"开始恢复，选择"否"取消恢复。

是(Y)   否(N)

二、排入正文

我们选取紧贴报头且处于中心位置的头条文章为例。

广州昨日启动水面保洁应急预案 往河涌乱倒垃圾最高要罚 3 万元

举报乱丢死鸡或得百元奖金

2009 年 3 月 9 日《广州日报》的头版头条

1. 明确字体

（1）主标题"举报乱丢死鸡或得百元奖金"字体为方正超粗黑简体。

（2）副标题"广州昨日启动水面保洁应急预案　往河涌乱倒垃圾最高要罚 3 万元"字体为方正大标宋。

（3）正文字体为方正报宋（默认字体）。

2. 准备素材

（1）登陆《广州日报》报业集团官网站——大洋网，找到数字报栏目，搜索 2009 年 3 月 9 日报纸，或登陆 http：//gzdaily. dayoo. com/html/2009 - 03/09/node_ 4. htm。

（2）将网页中《举报乱丢死鸡或得百元奖金》全文粘贴到新建的文本文档中，后缀名为 txt。

3. 排入文字

点击"排入文字"快捷按钮，出现排入小样的对话框，选择存储《举报乱丢死鸡或得百元奖金》的文本文档，点击"打开"。飞腾创艺 5.0 版面上出现下图，红底白字的 548 是"未排字数框"，表示还有 548 个字未排完，拉大蓝色的文字框以后，该报道的文字全部显示，则"未排字数框"自动消失。

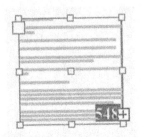

注意：将主标题"举报乱丢死鸡或得百元奖金"剪切出来，与正文分开；将带有项目符号的摘要文字与正文分开。新选一个位置输入副标题"广州昨日启动水面保洁应急预案　往河涌乱倒垃圾最高要罚 3 万元"。

4. 改变字体和字号

主标题"举报乱丢死鸡或得百元奖金"为方正超粗黑简体，特号。

副标题"广州昨日启动水面保洁应急预案　往河涌乱倒垃圾最高要罚 3 万元"为方正大标宋简体，二号。

摘要"向水域乱丢瓜果皮核、纸屑、包装袋（盒）等废弃物以及便溺、倒粪便的，现场处以 50 元罚款"为方正大标宋简体，五号。

正文为方正报宋简体，小五（默认）。

5. 给正文分栏

鼠标点击 选中正文的文字框，即选中整个段落（不能用 T 工具抹黑正文），格式菜单如下，选"分栏"，栏数改为3栏。

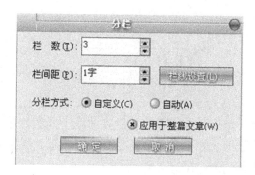

6. 画出装饰图形

用圆形工具画●，用菱形工具画◆，用直线工具画 ，如此就完成了头版头条的排版。

三、图像裁剪

1. 观察下列两幅图片，找出差别

大洋网提供的素材图片

经过截图操作的主题图片

2. 排入素材图片，快捷按钮是

先找到截图工具。

图片周围出现蓝色小方框，将鼠标放在方框上向图片中心拉拢，方框以外的部分被剪掉。若鼠标放在图片中心，鼠标变成手形，可以抓住图片上下左右移动，对准需要保留的图片部分。

四、输出为 PDF 文件

菜单栏第一项"文件"——"输出"，默认的保存类型是 PDF。除了 PDF 格式以外，还可以保存成图片 JPG 格式、文本 TXT 格式、PS 格式[①]、EPS 格式[②]。

---

① PS 格式，全称 Post Script，是专门为打印图形和文字而设计的一个编程语言，它与打印的介质无关，无论是在纸上、胶片上打印，还是在屏幕显示都适合。它是一种页面描述语言，与 HTML 语言类似。Post Script 是由 Adobe 公司在 1985 年提出来的，首先应用在苹果的 LaserWriter 打印机上。Post Script 的主要目标是提供一种独立于设备的能够方便地描述图像的语言。见 http://www.adobe.com/。

② EPS 文件就是包括文件头信息的 Post Script 文件，利用文件头信息可使其他应用程序将此文件嵌入文档之内。

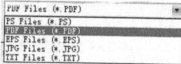

学生作品点评

暨南大学新闻与传播学院 2007 级肖静同学的作业：

优点：两行标题对得很整齐，栏间距的位置也做到了对齐，版式工整、干净、模仿细致。

不足："三八节种树"图片有明显压缩痕迹，没有进行图像剪切。

欢迎读者将自己的版面作品发送到邮箱 coolina2003@126.com，与编者讨论交流。

实验总结

"对开报纸版面的模仿制作"是一个验证类的实验项目，目的是通过"照猫画虎"地做一份对开大报，以体验方正飞腾创艺 5.0 的基本按钮和排版效果，掌握对开报纸版面设置的常用参数，了解报纸版面的基本要素。

据新华网 2008 年 11 月 13 日消息①，美国专门戏弄名人和名组织机构的"应声虫"组织 12 日在纽约市和洛杉矶市散发超过 120 万份伪《纽约时报》，拿美国政治经济大事开涮。头版宣称"伊拉克战争结束"。《纽约时报》女发言人凯瑟琳·马西斯告诉路透社记者："这是伪造，我们正在调查。"这份假报的官方网站发表声明说，该报纸历时 6 个月完成，在 6 家印刷厂印制，由数以千计的志愿者散发，目的是敦促总统奥巴马实现竞选时的承诺——在 16 个月内结束伊拉克战争。

以假乱真的《纽约时报》假冒版，2008 年 11 月 12 日散发，而发行日期标注为 2009 年 7 月 4 日，这是根据奥巴马竞选时所承诺的上任 16 个月内从伊拉克撤军而推算的日期，目的是以恶作剧的方式敦促总统履行承诺

这是个成功的恶作剧，虽然其侵权行为不容置疑，但这个事件说明了一个道理：每家报纸都有自己独特的风格，从报头到正文分栏，以及标题大小，都有规则可循，所以"应声虫"组织抓住了《纽约时报》版式细节，才能成功地"恶搞"美国的权威时报，让人真假难辨。

我们判断手上的报纸来自哪一家报社，叫什么名字，不用仔细辨别报名，看一眼大小、版式、字体、色调、栏型，就心中有数，这也是报纸希望形成的较高的辨识度和独特的风格。我们在"要闻版设计"实验项目中将介绍《纽

---

① 新华网.伪造《纽约时报》开涮美国大事［DB/OL］. http：//news. xinhuanet. com/newmedia/2008 - 11/13/content_ 10351073. htm.

约时报》和《华尔街日报》头版的版式风格。对美国传统报纸式样感兴趣的同学不妨进行模仿学习。

6.2 实验二：四开报纸版面的模仿制作

实验内容

模仿四开报纸头版，做一个版面。

实验目的

1. 学会四开报纸的版面设置。
2. 实践飞腾创艺 5.0 美工菜单里的图片处理功能。
3. 认识四开报纸的版头和中缝。

实验步骤

步骤一：买一份四开报纸、读报

很多晚报、都市报是四开报纸。

1. 版头

版头是页中出现在报眉下方或与报眉融为一体的装饰区域，有对应该版主题的色彩、文字、图片。版头多用于每个版组的第一版，也常见于热点事件的专题版。

2010 年 3 月 24 日《新民晚报》所做的中国西南大旱专题，版头完全占据了报眉位置，使用多幅旱灾图片组成横跨页面的长图，并配有专栏标题。版面的基本信息如版面编号、日期、责编、晚报 logo 也保留在版头当中

2. 中缝

中缝指同一开张相连两版之间的空白。随着报纸版面的增加，过去这个位置专用来刊登广告、简讯、遗失声明等，现在许多报纸为维持版面整齐而弃之不用。当相邻两版统一编排，表达同一个专题时，可以将图片、标题跨过中缝。注意：中缝位置不可以打字。

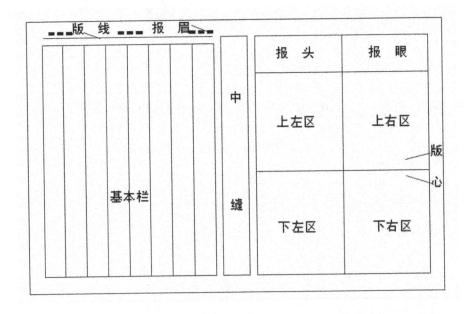

2010年2月21日《东方早报》的"年味"专题使用跨版，图片、主标题和副标题都跨过中缝，中缝位置没有文字（标题中间留出缝隙）

四开报纸举例	背景信息	宽×高	常用栏型（2010 年）
《新民晚报》	中国出版时间最长的晚报，前身为上海《新民报晚刊》，1929 年 9 月 9 日在南京创办。20 世纪 80 年代凭借小桥流水、曲径通幽的海派风格，引领全国的晚报样式	275 mm×390 mm	5 栏
《北京晚报》	1958 年 3 月 15 日创刊，当时为四开四版	275 mm×390 mm	5 栏
《东方早报》	2003 年 7 月 7 日创刊于上海，在苏浙沪三地同步发行。它由上海文汇新民联合报业集团主管、主办，是一份立足上海、辐射长江三角洲、面向全国的财经类综合性日报	275 mm×390 mm	5 栏
《华西都市报》	都市报鼻祖，1995 年 1 月 1 日，《华西都市报》正式亮相，在中国最早打出了"都市报"的旗帜	275 mm×390 mm	6 栏
《南方都市报》	创刊于 1997 年，隶属南方报业集团	275 mm×390 mm	5 栏
《新快报》	创刊于 1998 年 3 月 30 日，隶属羊城晚报集团。创刊时为对开 32 版，2006 年创刊 8 周年时改为四开小报 80 版	275 mm×390 mm	5 栏
《信息时报》	创刊于 1985 年。2001 年 5 月改版，成为广州日报报业集团旗下的一份都市类日报	275 mm×390 mm	6 栏

　　面向广州地区发行的四开报纸有《南方都市报》、《新快报》、《信息时报》等，分别隶属广东三大报业集团。各报业集团也都有自己的对开大报，分别是《南方日报》、《羊城晚报》和《广州日报》。

　　步骤二：组版

　　一、版面设置

（1）打开飞腾创艺 5.0，在"新建文件"对话框里点击"高级"按钮。

（2）版心调整类型和背景格样式按照下图设置。

（3）设置背景格字号为小五。

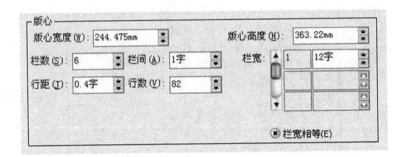

（4）设置边距大小，输入 15 mm，然后点击中间的曲别针按钮，这是一个联动按钮，可使上下左右的边距都自动变为 15 mm。

（5）设置版心参数。

版心宽度和高度不必输入数值，栏数、栏间距、栏宽、行距、行数固定了，勾选了"栏宽相等"之后，版心的大小也就固定了，因此上图当中 244.475 mm 和 363.22 mm 都是飞腾创艺这个软件计算出来的，无须输入。同理，因为前面已选择"自动调整页面大小"，所以"页面大小"中的宽和高也无须输入。

（6）点击"确定"按钮，"高级"对话框将被关闭，观察此时"新建文件"对话框里数值的变化。

版面设置			
页　　数 (N)：	1	宽　度 (W)：	274.475mm
页面大小 (S)：	自定义	高　度 (H)：	393.22mm

此时页面的宽度和高度接近 275 mm×390 mm。

再点击"确定"，则"新建文件"对话框关闭，进入飞腾创艺 5.0 的主界面，我们看到一张白纸，其大小、形状都像报纸的一个版面。

二、模仿 2009 年 4 月 8 日《南方都市报》做一个四开版面的报纸

1. 搜集素材

登陆南方报业集团官方网站——南都网搜索 2009 年 4 月 8 日《南方都市报》素材，或直接登陆 http：//epaper. nddaily. com/A/html/2009 - 04/08/node _ 523. htm。将网页图片另存到电脑上，文字粘贴到 TXT 文本文档中。

2. 图片形状处理

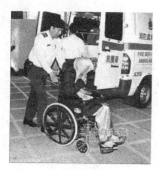
原始图

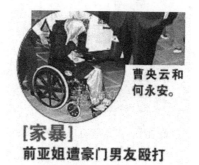
处理后的圆形图片

（1）排入原始图片。

（2）用椭圆工具 画一个圆，选中该圆，点击"美工"——"裁减路径"，将圆和照片重叠在一起。

（3）按住 shift 键同时选中照片和圆，点击鼠标右键，选择"成组"，照片瞬间变成圆形。

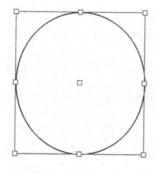
用椭圆工具画一个圆形

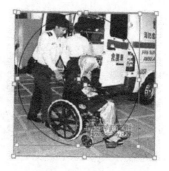
将圆和照片重叠在一起

点击鼠标右键，选"成组"，照片瞬间变成圆形

3. 图像勾边

原始图片，方形，有白色底纹

处理后的图片，去掉了底纹，文字可以贴近人物，并像绕过障碍一样绕着图片行文

（1）点击 ▢，排入素材图片。

（2）利用 ▸ 穿透工具，给图片边缘加上节点，此时必须双击蓝色线框，才能增加一个节点。

鼠标拖曳各个节点向中心靠拢，勾勒出贴近主体人物的不规则图形。

4. 图文互斥

为了实现文字能绕过图片中的人物排列，可以使用图文互斥功能。

（1）排入文字。

点击"排入文字"快捷按钮 🖼️ ，出现排入小样的对话框，选择"打开"该段文字的 TXT 文件。

（2）文字分栏。

注意：将主标题"这间新店，3 折甩卖明星衫！"剪切出来，与正文分开；将副标题"苏永康陈慧琳邓丽欣等明星二手衫都在此寄卖"与正文分开。

（3）改变字体和字号。

主标题"这间新店，3 折甩卖明星衫！"为方正超粗黑简体，初号。

副标题"苏永康陈慧琳邓丽欣等明星二手衫都在此寄卖"为方正大标宋简体，小四。

正文为方正报宋简体，小五（默认）。

（4）给正文分栏。

鼠标点击 ▶️ 选中正文的文字框，即选中整个段落（不能用 T 工具抹黑正文），格式菜单如下，选"分栏"，将栏数改为 2。

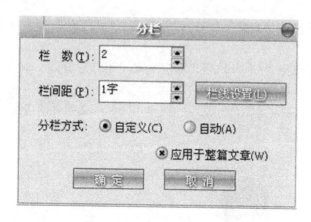

（5）同时选中文字块和图片，格式菜单下选择"图文互斥"，弹出"图文互斥"对话框。

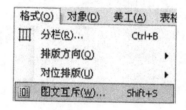

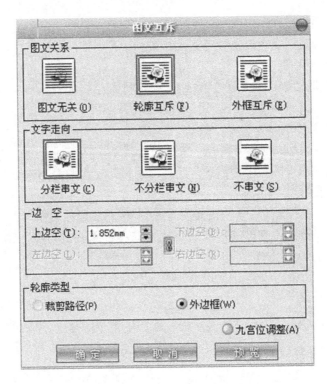

图文关系选择"轮廓互斥"，如果选择"外框互斥"则文字按照方形外框环绕排列。

文字走向选择"分栏串文"，如果选择"不分栏串文"则文字直接跨过图片横向连续，而不是遇图片换行折回。

"边空"用来设置图片和文字的距离。图片和文字之间应留出适当空隙。

5. 旋转图片，并给图片加阴影

（1）点击 ，排入素材图片。

（2）鼠标点击旋转变倍按钮 之后，再点击素材图片。该图片是拉伸还是旋转，取决于蓝色线框以外是方点还是双向箭头。鼠标单击图片，可以在"变倍"和"旋转"之间切换。

图片四周为方点，处于变倍状态，可以拖住方点将图片拉大拉小

图片周围是双向箭头，图片处于旋转状态。可以拉住顶点旋转图片，也可以拉住边线中间的箭头使图片倾斜成平行四边形

旋转状态下，可以拉住边线中间的箭头使图片倾斜

旋转状态下，可以拉住顶点旋转图片

（3）给图片加阴影。

用 ▧ 选中图片，点击"美工"——"阴影"，打开阴影对话框，勾选
"阴影"之后，对话框才可用，否则所有参数都是灰色，不能改变。

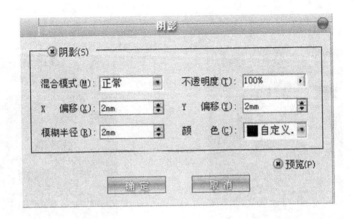

点击"确定"，效果如下：

三、输出为 PDF 文件

选择菜单栏第一项"文件"——"输出"，默认的保存类型是 PDF 格式。

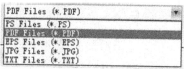

学生作品点评

暨南大学新闻与传播学院 2006 级邓仲熙同学的作业：

优点：版面里出现的特殊效果，如圆形裁图、图像勾边、图文互斥、添加阴影等都已实现。

不足：演员方力申的照片超出了版心边线，占据了白色页边距的位置；《贾静雯与夫家正面"火拼"》正文部分栏间距不足1个字，过分紧密；文章之间也过于狭窄，有点密不透风。

欢迎读者将自己的版面作品发送到邮箱 coolina2003@126.com，与编者讨论交流。

实验总结

"四开报纸版面的模仿制作"同样是一个验证类的实验项目，通过一个模仿性质的任务来体验方正飞腾创艺5.0的基本按钮和排版效果，如四开版面大小的设置、改变图片形状、图像勾边、图文互斥、给图片加阴影。与对开大报相比，四开版面的图文信息减少一半，但视觉效果变化多端，工作量并未减半。这就要求同学们发挥想象力，通过软件提供的简单按钮来实现报纸的视觉效果。如果说第一个实验项目考验的是耐心，第二个实验项目考验的就是记忆力。因为通常制作一种效果，鼠标要四处点击按钮工具，把这些工具从其藏身的菜单之中调用出来则全凭记忆。

6.3　实验三：要闻头版设计

实验内容

选择历史上某一天，独立设计一份面向本地读者的综合类日报头版（要闻版），要求对开。

实验目的

1. 了解报纸头版设计的相关原则。
2. 能够完成报头的设计。
3. 能够根据历史上某天发生的新闻，进行筛选编辑，独立设计一个要闻版头版版面。

实验步骤

步骤一：报头设计

报头又称为"报旗"或"报名区"，指报纸头版上刊登报纸名称的地方。

1. 英文报头和汉字报头的对比

英文报名相比汉字而言，有足够多的字母占位，通常横占版面，只有小部分留白。中文报纸若照搬英文报纸的报头区，要根据自身的特色加以补充空白。

《南华早报》

《21 世纪经济报道》

《21 世纪经济报道》报名的字数较多，可以模仿英文报纸，将报名处理成通栏。《新京报》报头两端就有大面积留白，《南方日报》则用其他信息填补了空位。

2.《南方周末》报头的今昔变革

目前国内报纸报名用名人手迹的多为党报，其他报纸逐渐改为美术字，而像《南方周末》坚持使用竖排报名的就更加少见。这与该报纸"在现代和传统之间寻找契合"的版式追求和面向高品位读者的报纸定位有关。

2002 年 3 月 28 日，《南方周末》改版时，报头变革显得更为传统。首先由原来的正品红改为朱砂红，其次原报头的边框是一粗一细的文武线，新版则加工成中国印的阳文样式。色彩沉静、肃穆，印章的式样给人以权威感。报名区域简单干净，报名四个字在字号上与其他信息拉开距离，具有更强烈的可识别性。

2002年3月28日改版前的报头　　改版后阳文印章效果　　改版后阴文印章效果，红色区域大，显得喜庆。周四出版偏逢节日才使用，如2008年2月22日创刊25周年和2009年1月1日

《南方周末》的印章概念作为品牌营销的组成部分被反复使用

　　《南方周末》报名四个字来源于鲁迅文稿中的手迹，是集字而成的报名。《人民日报》历史上也曾使用过毛泽东手稿集字而成的报名。

　　中共党报《人民日报》前身——晋冀鲁豫《人民日报》1946 年 5 月 15 日至 6 月 30 日使用的报头，是毛泽东手迹的集字报头。当时报社编辑部的同志为了晋冀鲁豫《人民日报》的创刊，找到毛泽东写的字，取《共产党的人》的"人"、"为人民服务"的"民"、"打倒日本帝国主义"的"日"、《新中华报》的"报"四个字

　　1948 年 6 月 15 日，由《晋察冀日报》和晋冀鲁豫《人民日报》合并的中共中央华北局机关报《人民日报》在河北省平山县里庄创刊。此时的报头是毛泽东于 1948 年 6 月 15 日在西柏坡的手迹

《人民日报》的创刊号，报名是毛泽东于西柏坡的手迹

一、将报纸的核心理念和品牌定位放置于报头

"刊载一切适合印刷的新闻"（All the News That's Fit to Print），从 1897 年以来一直印在《纽约时报》报头的左侧。这句话来源于 1896 年阿道夫·奥克斯接办《纽约时报》时的就职宣言。他指出《纽约时报》的报道原则应是"公正无私，无所畏惧，不偏不倚，不分党派、地域或任何特殊利益"（To give the news impartially，without fear or favor，regardless of any party，sect or interest involved），后来被概括成为这句标语 All the News That's Fit to Print。《纽约时报》用 100 年的时间证明这不是一句空谈，因此赢得了读者的信赖和尊重。

《广州日报》：追求最出色的新闻，塑造最具公信力媒体。

《南方都市报》：办中国最好的报纸。

二、报眼区

中文报纸的报名字数较少，不太适合做通版，一般将报头放在左上角，留出右边等大的区域作为"报眼"。

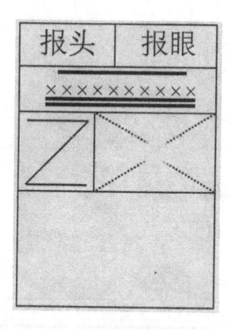

"文革"期间报眼是登载毛主席语录的专属区域，目前起着分布双头条、平衡版面的作用，也可刊登广告。

步骤二：基本栏型设计

传统对开大报基本栏为八栏，每栏13个字，从易读的角度来看13个字的栏宽比较合适，也可以五栏变两栏，三栏变两栏，叫做"五破二"、"三破二"。破栏的目的是避免版面一通到底，用文字来截断，因此过去的报纸我们看到的是多种分栏方式并行，只有一小部分区域可以看到八栏。

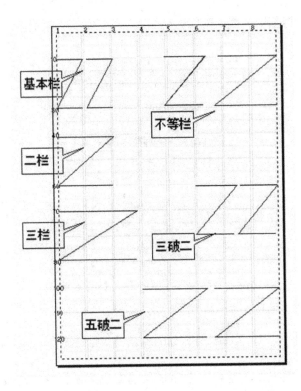

现在，人们可以一行阅读更多字而不跳行。同时随着报纸不断加版、变厚，版面资源也比过去宽裕，加大标题间距和适当留白可使报纸正文更加方便阅读。报纸不再忌讳"一通到底"，反而认为统一的栏型使版面更干净整齐，阅读速度更快。因此在 2000 年后的改版浪潮中，多家报纸纷纷采用新的基本栏字数和栏数。

举例	背景信息	报型	栏型（2010 年）	曾使用过的栏型
《文汇报》	1938 年的 1 月在上海创刊。与香港《文汇》同宗，70 年代末到 80 年代初，《文汇报》有非常辉煌的历史，发表了很多有影响力的作品。如伤痕文学的代表作卢新华的短篇小说《伤痕》，就刊登于 1978 年 8 月 11 日的《文汇报》	781 报型 390.5 mm 宽 547 mm 高 （横向开张宽度 390.5 mm × 2 = 781 mm）	7 栏 6－1 栏型为主	8 栏每栏 13 个字 小桥流水、曲径通幽的海派版式典范

（续上表）

举例	背景信息	报型	栏型（2010年）	曾使用过的栏型
《羊城晚报》	1957年10月1日创刊，是新中国成立后创办的第一家综合性晚报。"文革"时期遭到停刊。1981年春节前复刊，并由叶剑英题写报头	781报型	6栏 模块式，栏型多变	8栏
《北京青年报》	共青团北京市委机关报，创刊于1949年3月	720报型 2001年由781报型瘦身为720报型，版面宽为360 mm	6栏 模块式，栏型多变	8栏
《南方日报》	中共广东省委机关报，1949年10月23日创刊于广州	2002年瘦身为720报型，2007年继续瘦身为"黄金报型"，即680报型，版面宽为340 mm	5栏 4-1、3-2、1-2-2多种组合	8栏
《21世纪经济报道》	2001年1月1日创刊，向全国发行，逢周一至周五出版，每周五期，财经类报纸	720报型 2006年瘦身，原为781报型对开大报	5栏 头版4-1组合	8栏

注：印刷界以一对开张的宽度为标准给报型命名，如781报型、720报型。

报纸的改版就像人的整容，无非想变得更漂亮，更能迅速抓住读者的眼球，但要注意改变的程度，不要让人认不出自己来，否则容易流失老读者，特别是对于有历史的老报来说，改版可谓充满风险；而对于新问世的报纸，这些顾虑就少很多，它们的目的简单到只要培养新的读者、年轻的读者就够了。如《新快报》的改版，报型由"大"（对开）改"小"。1998年3月30日创刊的《新快报》，创刊时为对开36个版，2006年改为四开80版。改版效果获得市场好评，采用了与竞争对手《南方都市报》同样的四开报型。

从节约纸张的角度出发，也是为了与国际大报接轨，国内报纸开始转型为"瘦报"。《南方日报》就是"国内第一家采用国际通行的瘦包报型的党报"①。

---

① 刘晓璐. 经典报纸版式设计——报纸的版式设计与品牌提升［M］. 广州：广东人民出版社，2008．34.

步骤三：组稿

根据自身定位选择稿件，确定头条。党报、晚报，大众类、专业类，全国发行、地方发行的报纸有不同的头条。但关系国计民生的政策出台，领导人国事访问，重大突发事件出现，多家报纸采用同一条新闻也很多见，甚至头条的表述方式也采用同一口径，如转发新华社电讯。

组稿可按照下面三个步骤进行：

（1）正确分析稿件，形成编排思想。

分析稿件，要看以下方面：稿件的重要性；稿件的性质（事实、评论）；稿件的感情色彩（讴歌赞颂，批评痛斥）；稿件间的相互联系。

（2）确定头条和重点。

（3）把握版面信息量和用稿量。

步骤四：组版

一、版面设置

根据实验任务要求，即在对开版面上设计要闻版，我们找回对开版面的参数，与第一节模仿《广州日报》所设参数一致。步骤如下：

（1）打开飞腾创艺5.0，选"新建"，在"新建文件"对话框里点击"高级"按钮。

（2）版心调整类型和背景格样式按照下图设置。

（3）设置背景格字号为小五。

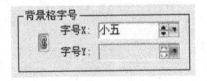

（4）设置边距大小，输入15 mm再点击中间的曲别针按钮。这是一个联动按钮，可使上下左右的边距都自动变为15 mm。

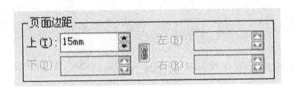

（5）设置版心参数。

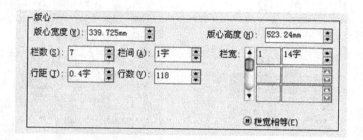

版心宽度和高度不必输入数值，上图中 339.725 mm 和 523.24 mm 都是系统计算出来的，无须输入。同理，因为一开始选择"自动调整页面大小"，所以"页面大小"下的宽和高也无须输入。

（6）点击"确定"按钮，"高级"对话框被关闭，此时页面的宽和高接近 370 mm×550 mm。

再点击一次"确定"，"新建文件"对话框关闭，进入飞腾创艺 5.0 的主界面。我们计划一下，这张白纸上需要什么元素：报头（报名区）怎么装饰，头条标题有多大，主题图片放在哪里，需要多少则新闻，这一切的决定权都在你的手上。本书以下内容只为激发你的灵感提供参考。

二、标题设计

标题设计原则：合理断行，整齐排列，两篇文章的标题保持一定距离避免粘连，字体、字号合乎报纸一贯风格。标题带动的版面风格无非细眉细眼和浓眉大眼两种。对比《21 世纪经济报道》和《北京青年报》。

2008 年 4 月 9 日的《21 世纪经济报道》没有令人惊叹的大标题，符合财经报道带给读者中立、客观、冷静的印象

2002 年 2 月 9 日的《北京青年报》有鲜明的色块和粗大标题，极富视觉冲击力

国内报纸有矫枉过正的现象，唯视觉冲击力为先，频繁使用重磅超粗黑字体。当形式大于内容时，读者对内容会有很高的期望，若发觉正文内容不如预想中充实则会大失所望。

特例：《纽约时报》头版

《纽约时报》创刊于 1851 年，至今只有五次用 96 磅字大标题：1969 年阿波罗登月标题"人类漫步地球"（MAN WALKS ON MOON），1974 年尼克松辞职（NIXON RESIGN），2000 年 1 月 1 日庆祝 4 禧年来临的 1/1/100，2001 年9·11事件标题美国遇袭（U. S. ATTACKED）和 2008 年奥巴马当选的大标题OBAMA。

　　除了重大突发事件，《纽约时报》的日常状态是采用美国传统的直列式排版，标题不突出，没有格外醒目的文章，几乎每个领域都有一篇出现在头版，每一篇都排不完，需要转版到各领域的专属版面。

2010 年 2 月 21 日的《纽约时报》多数标题只占一栏，标题字号都不大，仅为报名的 1/4 或 1/3，给人以风格高贵、肃穆、可靠的印象

三、导读设计

导读区的基本信息有文章标题和文章所在的版号。起提示作用的文字和图片可以有选择地使用。设计导读区还需要回答以下问题：导读区呈横向排列还是纵向排列？需不需要贯穿整版？有无配图？要不要多节录一些正文文字？导读区放在版面的哪个位置？

1. 导读在报名区上方，横向，通栏

2. 导读在报名区下方，横向，通栏

3. 纵向，贯穿整版　　　　　　4. 导读居于一个角落，见缝插针

美国版《华尔街日报》导读区（what's new）奇长无比，一直排到版面底端

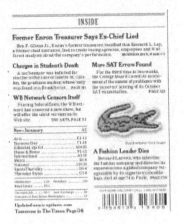

这个导读的特色是：在导读区（INSIDE）里嵌套一个图书一样的目录（News Summary）

四、版块分区：传统的穿插咬合设计和今日流行的模块化设计对比

传统报纸排版有三大禁忌。

通：指版面纵向上连续的空白。从顶部到底端一路畅通无阻，是一大禁忌。必须用文字、线条或图片来堵住"通版"。

《文汇报》副刊文章，文字直列，一通到底

断：指版面横向上连续的空白。如果从左到右有一条缝隙横跨版面，则犯了"断版"的大忌。

《华西都市报》中间一段广告，将版面割断

碰：即碰题，两篇文章的标题在同一条水平线上，读者可能识别不了标题的界限，若标题界限不清，两个标题管辖的两篇文章也可能混淆。

《21世纪经济报道》相邻两篇文章的标题上下错开，没有处于同一水平线上，避免了碰题

穿插咬合的典型——《新民晚报》，不通，不断，不碰

1985 年 5 月 25 日的《新民晚报》头版，全篇所有文章通过横纵标题、迂回堵截，不"通"、不"断"、不"碰"，这是过去年代里引以为傲的版面设计。

穿插咬合，体现着中国传统文化里文人办报的含蓄。早期的报纸从四个版面发展起来，没有今天这么大的信息量，版面要每天都不一样才有看头，读者也有充裕的时间慢慢阅读。所以开门见山不可取，茶还没喝完，报纸就读完了，岂不无趣？何况报纸一度是政治学习的教材，它的颜面也就是版式，所以它必须是精致的、经得起推敲的。于是以《新民晚报》、《文汇报》为代表的苏州园林式的海派风格统领了 20 世纪末中国报纸样式。

今日，随着模块化版面的流行，"通版禁忌"成了"栏型规则化"变革的先驱，我们看到一缕一缕文字，面条一样铺展下来。断版也无所顾忌，有时还让版面更整齐。碰题可以用粗线条分开各个文字块，随着栏数减少，基本栏变宽，栏距加大，标题即使"碰"也读不到一起，报纸似乎进入了一个打破各种禁忌的时代。

步骤五：输出 PDF

菜单栏第一项"文件"——"输出"，保存类型是 PDF。

飞腾创艺 5.0 提供的 PDF 保存有三种模式：Print，Screen，eBook 三种模式，对应不同的像素，Print 印刷模式精度最高，可以得到 300～350 dpi 的 PDF 文件，可用于印刷。Screen 用于电脑屏幕校验审稿，eBook 就是网上常见的电子报，像素不高（150 dpi）但能保证阅读。

学生作品点评

下面的《新日华报》是暨南大学 2006 级国际新闻专业邓仲熙同学的作品。繁体字，竖排行文，这与邓仲熙是港澳生源的背景有关，很有繁体报纸的风格。头条标题用黑色底纹衬托白色标题，非常醒目，挑出个别字变色、旋转，也是香港报纸惯用方法。

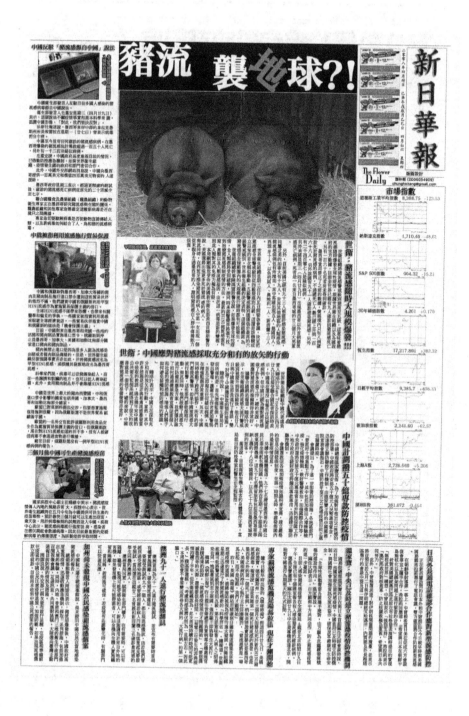

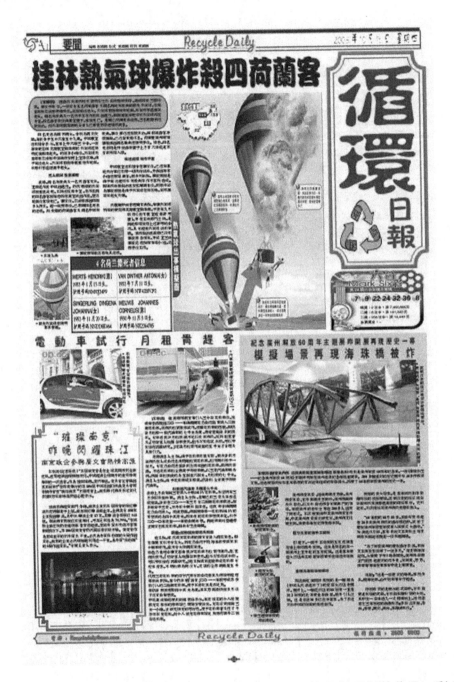

　　《循环日报》是暨南大学2007级国际新闻专业林国彬同学的作品。彩色底纹衬字使得各模块非常清晰，报名的边框用了美工的"角效果"，边框线性用了文武线。整个版面给人感觉富于变化，充满活力。除了报名是竖排以外，其余标题和正文皆为横排，这也是繁体华文报纸经常采用的形式，而文章竖排的多见于日文报纸。

过去内地报纸也是竖排繁体字。1950 年 6 月在全国政协一届二次会议上，陈嘉庚向大会提出了中文书写应统一由左而右横写的提案。1955 年 1 月 1 日，《光明日报》首次采用把从上到下竖排版改变为横排版。著名学者郭沫若、胡愈之等也很快撰文指出文字横排的科学性，称人的两眼是横的，眼睛视线横看比竖看要宽，阅读时眼和头部转动较小，自然省力，不易疲劳，各种数、理、化公式和外国人名、地名的排写也较方便，同时还可提高纸张利用率。1956 年 1 月 1 日，《人民日报》也改为横排，至此，全国响应。

实验总结

报纸的头版是报纸的"脸面",是"卖相",起着让自己在报摊上的芸芸众报中脱颖而出的关键作用。

《华尔街日报》独特的直列式栏型,导读区(What's News)必占两栏,是该报坚持了近百年的独一无二的招牌。美国版《华尔街日报》因为历史和传统的考虑,不轻易改变,而亚洲版就相对自由。

2009 年 7 月 27 日的美国版《华尔街日报》,误读区必占两栏

2010 年 2 月 17 日的亚洲版《华尔街日报》主题图片占据视觉中心的大半个部分，记录了温哥华冬奥会双人花样滑冰现场，申雪、赵宏博得知比分排名第一、收获金牌的瞬间

时代的改变，让我们认识到人们对报纸版面审美标准的改变，过去的排版禁忌，如通、断、碰，今天也能包容，不觉丑陋；过去狠遭抨击的，今天却是普遍认同的办报主张。下面这段文字来源于"文革"批判材料《捣毁陶家黑店》①。

陶铸一向以来以"关心报纸，抓紧宣传"著称，毒草丛生的《羊城晚报》就是陶一手策划、精心培植的反毛泽东思想的阵地。1964 年 2 月，陶铸对《羊城晚报》提出"一月为期，面目为新"的改版黑指示，要求《羊城晚报》向《北京日报》、《新民晚报》等学习，一定要独具一格地办好。通篇不提宣传毛泽东思想，不提突出政治，而说什么"标题要明确生动，使人触目，非看不可"。

从这段"文革"材料来看，陶铸受到"文革"批判的办报主张有以下三点：一是主张每月改版一次"一月为期，面目为新"；二是主张版面设计要"独具一格"；三是"标题要明确生动，使人触目，非看不可"。陶铸主张报纸要有变化，有风格，有视觉冲击力，在一个声音说话、一个头脑思考的"极

---

① "文革"时对陶铸和《羊城晚报》的批判［M］. 羊城晚报，2007 - 09 - 20.

左"的年代里，这自然背离了主流价值标准，狠遭批判，以致后来《羊城晚报》更名为《红卫报》，甚至于 1966 年停刊，直到"1980 年 2 月《羊城晚报》才重见天日，正式复刊"①。

本次实验希望给同学们一个启发，从报纸编排演变的历史中找到属于自己的设计方向，形成独特的设计主张，创作出既符合当今读者阅读习惯，又美观、个性化的头版版面。

6.4 实验四：专题版面设计

实验内容

选择一个主题，独立设计一个专题版面，要求四开大小、有版头、有编者按。

实验目的

1. 学会选择新闻图片。
2. 学会写编者按。
3. 实践应用飞腾创艺 5.0 的图像裁剪、抠底、边缘羽化功能来处理新闻图片。

实验步骤

步骤一：确定专题版主题

步骤二：组稿

根据主题大方向，收集素材、分析素材，确定主题文章和主题图片。

一、主题图像的选择和处理

读图时代的来临使新闻图片的版面价值凸现出来，相较"危言耸听"的重磅标题，图片发挥的视觉冲击力是实实在在的，给读者以强烈的现场感，让人一见难忘。图片的筛选原则如下：

1. 有新闻价值，符合主题

马克·埃德森（Mark Edelson）曾担任美国《棕榈海滩邮报》（*The Palm Beaoh Post*）的图片编辑，他说"最理想的新闻照片是让读者看到平常看不到

---

① 王雷. 在极"左"思潮泛滥的年代，无言是无奈的结局［M］. 羊城晚报创刊 50 周年纪念特刊，2007 - 09 - 20.

的人或事，能把读者带到无法亲临的地方"。

在专题版最显著位置出现的主题图片，应该有丰富、充实的信息，能够交代故事或很好地呼应正文和标题，最起码图片在读者看来是新鲜的，是和文章有联系的。

2. 抓住新闻事件中最典型的瞬间或细节

一个常规事件能够成为新闻，往往是因为事件的发展轨迹发生转折，出现了令人意想不到的结果。转折的瞬间就是我们要抓取的点，我们称之为新闻事件中的典型瞬间。因其具备强烈的视觉冲击力，抓拍的时机转瞬即逝，让我们对此类图片倍加珍视。

2010 年 2 月 20～21 日的《国际先驱论坛》头版图片采用温哥华冬奥会高山滑雪超级大回转中意大利选手 Peter Fill 摔倒的抓拍镜头，这个瞬间使比赛结果有了新的变化

图片具备生动的细节，也非常吸引人们的眼球。为保证读者的视线可以轻松落在编辑希望读者注意的细节上，除了加上文字说明，用线圈勾画，更多用裁图的方法，把多余细节去掉，将中景、远景变为特写，放大我们希望强调的部分，主题才更加突出。

3. 具备新闻应有信息量

以下图片是一个反例，发表于 2008 年 9 月 27 日《北京青年报》特刊的主题大图。该图片选取了三名宇航员走出太空舱，与公众挥手致意的瞬间。但是读者只能看清中间宇航员的脸，其他两人都被挥舞的手臂挡住，让这个严肃的重大题材的头条成了一个笑话。

《北京青年报》2008年9月27日特刊，文章标题为《神奇三雄令中国"天马行空"》。图片中三位宇航员有两位被挡住了脸，属于缺乏信息的新闻图片

二、撰写编者按

编者按（editorial note），有时以"编者说"、"编者的话"出现，是"依附新闻报道或文稿的一种画龙点睛式的简短编者评论，它的任务在于针对稿件中的观点或材料，直接表明编者的态度和建议"[1]，可以出现在文章前或文章后。出现在整个专题结尾部分的又叫做"编后"。编者按可以两三百字，也可以三言两语，没有独立的标题，位置也较自由，通过边框或底纹在版面上占据一隅，以区别于记者撰写的稿件。它可以是编者对新闻报道所作的说明和批注，也可以是背景信息，还可以是根据新闻事件的借题发挥，主要是能表明编者的态度和意见。

2010年2月19至21日《华尔街日报》亚洲版的专题文章《小小的反应堆能带来核工业的巨大希望》，用较大的字号和留白构成了一个"编后按"。

---

① 肖伟，罗映纯，邬心云. 当代新闻编辑学教程［M］. 广州：暨南大学出版社，2008.

After a two-decade lull in construction, the U.S. is gearing up for a robust revival of nuclear power. Expanding the nuclear sector, which currently produces 20% of the nation's electricity, is considered essential to slashing carbon emissions. Companies such as NRG Energy, Duke Energy and Southern Co. are planning large reactors that cost up to $10 billion apiece. But there is growing investor worry that reactors may have grown so big that they could sink the utilities that buy them.

三、制作花边新闻

将相关文章进行删减编排，形成以下小栏目：如历史回顾、名词解释、相关链接、人物简介等，以补充主题文章。这些"花边文章"在内容上补充正文，在形式上起到补白装饰的作用。

高质量的"花边新闻"能够提高新闻主稿的价值，因此它们又叫做附加值新闻（value-added news）。这些"花边"、"超链"、"回顾"、"网言"将单独的新闻事件放在一个大的新闻背景下，深挖前因后果，使得新闻事件的走势、影响和结果得到全面立体的报道和分析，这就是专题版面区别于要闻版面报道的特质。

四、加入插图

1. 数据图表

数据图表有表格、柱状图、饼图、折线图等。举例如下：

Loans Shrink, Fear Lingers

Continued from Page One

Inc., as well as regional banks such as Fifth Third Bancorp, based in Cincinnati, and Regions Financial Corp., of Birmingham, Ala. The 15 banks hold 47% of federally insured deposits and got $182.5 billion in taxpayer-funded capital infusions through the Troubled Asset Relief Program. As of June 30, the banks had $4.2 trillion of loans on their balance sheets, down from $4.3 trillion as of March 31.

Loan portfolios shrank at 13 of the big banks, with the steepest decline at Comerica Inc., Dallas, where the loan total was down 4.3% to $46.6 billion in the latest quarter. Just $1.6 billion of the $10.2 billion in credit extended by Comerica in the second quarter came from new commitments. A bank spokesman said many borrowers "are being cautious."

Bank of America, Charlotte, N.C., reported its loan portfolio slipped 3.6% to $942.2 billion in the second quarter. A spokesman for the largest U.S. bank by assets said the decrease reflects higher loan losses and lower loan demand as borrowers pay off out-

Shrinking, Growing

Banks' loan portfolios declined in the second quarter, even as they reported making and renewing more loans.

	LOAN PORTFOLIOS		NEW AND RENEWED CREDIT	
	2Q 2009 in billions	Change from 1Q	2Q 2009 in billions	Change from 1Q
Comerica	$46.6	-4.1%	$10.2	82.1%
Marshall & Ilsley	$48.3	-1.8	3.5	29.6
Wells Fargo	$821.6	-2.6	206.0	20.2
Fifth Third	$81.4	-1.5	21.0	19.3
SunTrust	$122.8	-0.9	27.2	18.3
Regions	$96.2	0.5	18.1	16.0
Citigroup	$641.7	-2.4	41.0	15.5
Bank of America	$942.2	-3.6	211.0	15.3
US Bancorp	$182.3	-1.1	48.4	14.2
PNC	$165.0	-3.7	29.0	11.5
BB&T	$100.3	0.1	21.2	8.2
KeyCorp	$70.8	-3.9	8.2	5.1
J.P. Morgan Chase	$680.6	-3.9	150.0	-1.3
American Express	$62.9	-3.2	3.0	-1.6
Capital One	$146.3	-2.7	5.0	-30.6

Sources: company reports; Treasury Dept.

2009 年 7 月 27 日美国版《华尔街日报》的报道《贷款缩减，恐怖依旧》，表格显示了美国多家银行 2009 年第一、二两个季度贷款总量的对比（数据来自美国财政部）

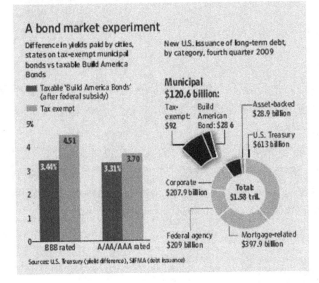

2010 年 2 月 18 日的《华尔街日报》亚洲版

　　柱状图、饼图等直观图表也是报纸常用的。折线图可以看出数值的变化趋势，如《日本在通货膨胀的忧虑中仍然后知后觉》的报道，折线图描述了日本 2000—2009 年的物价变化。

Japan still a laggard in inflation debate

When it comes to price stability, Japan is finally moving in a direction other industrial nations did years ago. The debate elsewhere, however, has already moved on.

Japan's pugilistic finance minister, Naoto Kan, lobbed a bombshell this week when he said the government and the central bank ought to target a 1% inflation rate. This follows pressure he applied last year that forced the Bank of Japan to issue a statement saying its "understanding" of price stability was around 1%.

Japan is going to need to shoot for more than a 1% goal. Such a low level leaves little protection against shocks that can knock the wind out of demand.

Though still informal, this would be a first for Japan, which has avoided setting such targets because of BOJ resistance. Most other industrial nations target consumer-price increases of around 2%.

Inflation targets set clear guidelines for the central bank. Inaction in the face of an unwanted rise or fall

Everyday falling prices
Japan's consumer prices, excluding fresh food, change from previous year

Sources: Ministry of Internal Affairs and Communications; Agence France-Presse/Getty Images (photo)

tal investments by companies be-   week. International Monetary Fund

2. 模拟图

上文提到的《小小的反应堆能带来核工业的巨大希望》这篇专题报道中，缺少（或不可能得到）实际的核反应堆全景照片，所以用了电脑模拟图。

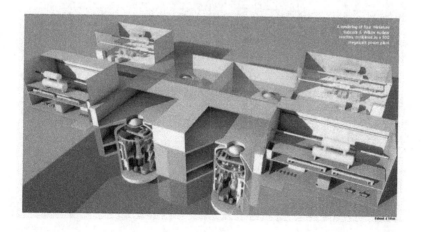

3. 手绘插图

《无线通讯工业即将进入多功能的未来》（来源于 2010 年 2 月 17 日《华尔街日报》）这篇报道有回顾历史和展望未来的内容，然而能够连接古代、现代和未来的摄影图片很难获得，所以选择了充满想象的手绘插图，更加贴合主题。

步骤三：组版

一、版面设置

（1）新建飞腾创艺 5.0 文档，利用四开版面设置的相关数据。

打开飞腾创艺 5.0，选择"新建"，在"新建文件"对话框里点击"高级"按钮。

（2）版心调整类型和背景格样式按照下图进行设置。

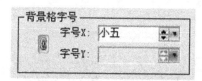

（3）设置背景格字号为小五。

（4）设置边距，输入 15 mm 后点击中间的曲别针按钮，这是一个联动按钮，可使上下左右的边距都自动变为 15 mm。

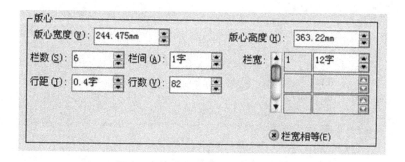

（5）设置版心参数。

上图中 244.475 mm 和 363.22 mm 是由飞腾自动计算出来的，不用输入。同理，因为选择了"自动调整页面大小"，所以"页面大小"下的宽度和高度也无须输入。

（6）点击"确定"按钮，"高级"对话框被关闭，观察此时"新建文件"对话框里数值的变化。

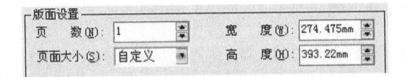

此时页面的宽和高接近 275 mm × 390 mm。再点击一次"确定",则"新建文件"对话框关闭,进入飞腾创艺 5.0 的主界面,我们看到一张白纸,其大小、形状都像报纸里的一个版面。

二、版头设计

1. 规则的矩形版头

2. 羽化边缘的版头

3. 不规则形状的版头

2007 年 10 月 24 日《温州日报》专题版面，沿着月球边界的拱形
版头充满浪漫色彩

三、排入正文

1. 确定主题文章和主题图片区域

原则：根据素材质量，将像素高、能够反映主题、有新闻价值的图片考虑
放大，并放置在视觉中心的位置上。

根据最后呈现在报纸上的图像外形，有出血、方版、抠像、羽化四种
效果。

（1）出血：就是纸张四周凡有颜色的地方都要向外扩大 3 mm。如果让图

片铺满大 16 开版面，成品尺寸为 210 mm × 285 mm，制作稿就要做成 216 mm ×291 mm，四周都要拉出来 3 mm。

（2）方版：四四方方的图片依旧四四方方。

（3）抠像：图片留下主体，去除背景。

（4）羽化：为了与底图衔接自然，使图片的边缘模糊。

专题版正文分栏可以根据内容重新布局，而不必遵照头版的分栏方式，可以根据内容合理分栏。

2. 不可缺少的大标题

专题版所有文章都涵盖在一个统一的标题之下，至少是与主标题内容相关的。各文字块可以有自己的小标题，但不会在标题字号、粗细上抢主标题的风头，最醒目的永远是主标题。下面的专题版里，《玉树地震，三"国保"在劫难逃》是主标题。

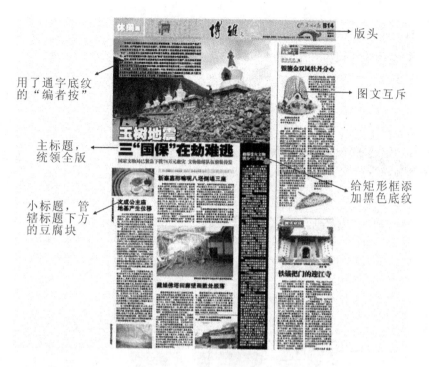

用了通字底纹的"编者按"

版头

图文互斥

主标题，统领全版

给矩形框添加黑色底纹

小标题，管辖标题下方的豆腐块

3. 加入装饰元素

原则：线条、底纹、标题的色彩与主题图片呼应。

淡蓝色版头图片

淡蓝色主题图片

淡蓝色底纹

四、输出 PDF

学生作品点评

1. 暨南大学新闻与传播学院 2007 级张惊同学的作业《法航一架空客飞机失踪》

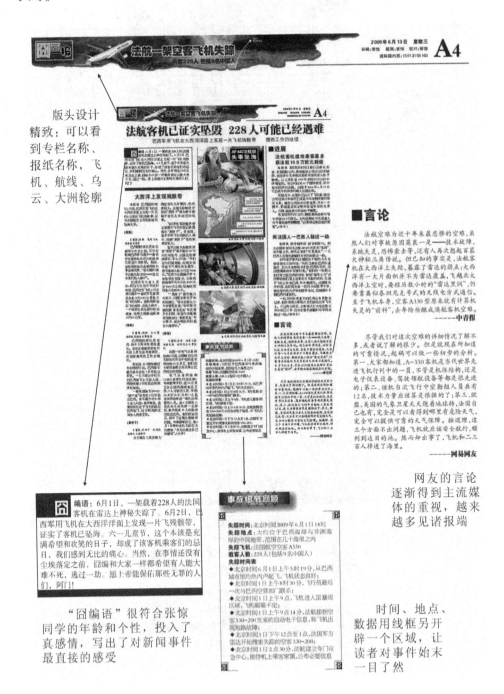

版头设计精致：可以看到专栏名称、报纸名称，飞机、航线、乌云、大洲轮廓

"囧编语"很符合张惊同学的年龄和个性，投入了真感情，写出了对新闻事件最直接的感受

网友的言论逐渐得到主流媒体的重视，越来越多见诸报端

时间、地点、数据用线框另辟一个区域，让读者对事件始末一目了然

2. 暨南大学新闻与传播学院 2007 级邝雨晴同学的作品

除了新闻事件专题，还可以选取电影、音乐、美食、旅游、体育、名人传记等时效性不强的话题。若收集到精美的图片、动听的故事，则这个版面还没排，就成功了一半。如暨南大学新闻与传播学院 2007 级邝雨晴同学的作品，3D 电影《爱丽丝梦游仙境》的剧照在这个专题版面里大放异彩，当然邝雨晴在编排、用色、装饰上都花了许多心思，是可圈可点的。

3. 用色彩和装饰取胜——暨南大学新闻与传播学院 2007 级卢穗茵同学的作品

特别之处：标题大面积用彩色，花朵序号，半透明底纹。

实验总结

记者见证新闻事件，是最开始讲故事的人，而编者从记者那里听来许多故事，整理成一个读者喜闻乐见的版面。编者可以用自己的逻辑对新闻稿件进行编排，对新闻图像进行筛选，也可以见缝插针地发表见解。编者即使不是生产文章的人，也是伟大的创造者。

这次实验的目的就是让同学们成为"责任编辑"，学会制定主题，围绕主题选稿，学会写编者按，尝试把松散的事件穿引成一个符合逻辑的序列，让读者一目了然，尝试制作一份属于自己的专题版。更希望同学从自由发挥的专题版设计中找到编者的成就感。

6.5　实验五：副刊版面设计

实验内容

独立设计一个文学类副刊版面，要求对开大小，并起一个笔名，开设专栏。

实验目的

1. 了解副刊版面的定义。
2. 知道如何通过版式设计来突出主题文章。
3. 实践飞腾创艺 5.0 的花边、底纹等功能。

实验步骤

步骤一：观察副刊版面

副刊，一般指报纸上刊登文艺作品或理论文章的固定版面，每天或定期出版，多数有专名，分综合性和专门性两种。[①]

副刊（supplement）泛指报纸中所有非新闻性的内容，很多时候是报纸刊登文艺性的版面，但现在也有很多报纸的副刊包括消费及休闲资讯。副刊可能每天都有，或是每逢周末假日刊出。

副刊在早期又称"文苑"、"余审"、"丛载"、"余录"、"谐部"、"说部"、"附张"、"附章"、"附页"、"文艺栏"、"文艺版"、"报尾巴"、"报屁股"、"副张"、"副镌"等。"报屁股"是对当时副刊的一种蔑称，表示当时

---

① 辞海.

副刊实无太多内容。"五四运动"后，新文艺开始吹起反攻号角，著名的副刊有孙伏园的《晨报副刊》，宗白华主笔的《时事新报》副刊"学灯"，《民国日报》副刊"觉悟"，黎烈文《申报》的"自由谈"和《大公报》的"文艺"，另外，端木蕻良、郁风、吴祖光、夏衍也都曾从事过副刊编辑工作①。

　　《羊城晚报》创刊之日（1957 年 10 月 1 日），正是"反右"高潮之时，新闻版面不可避免受到较大影响，难以承担"给知识分子一个说话空间"的重任，于是"花地"、"晚会"名为副刊却非副角，担负起了传递晚报人新闻个性、唤起读者阅读热情的使命。1964 年 3 月，陶铸等到报社检查工作时对羊城晚报改版试版提出意见："花地版要充实内容，担负起文艺批评的任务。学术争鸣要先从文艺方面搞起，要以表扬为主，但不能没有批评。"②

　　版头"花地"两个字由茅盾亲笔题写，巴金、郭沫若等文艺界大牌的文稿纷纷在"花地"绽放，丰子恺的漫画作品也常来捧场，郭沫若的四幕新编历史剧《蔡文姬》就首刊于此。这是"花地"的一段光辉岁月。

版头"花地"由茅盾亲笔题写

---

①　维基百科.
②　"文革"时对陶铸和《羊城晚报》的批判［N］. 羊城晚报，2007 - 09 - 20.

《羊城晚报》的副刊"花地"文字编排呈直列式，配精制插图，有杂志惯用的美编技巧

　　《广州日报》的副刊"每日闲情"色彩丰富，使用装饰图案，文字排列趋向直列式，有固定的小栏目，如"箴言"、"哈哈"

《新民晚报》的副刊"夜光杯"保留着传统的苏州园林式的穿插结构，构图饱满，洋溢着怀旧的文艺气息

步骤二：组稿

一、收集素材

1. 找文章

副刊所刊登的文章的来源，可以是读者来稿、作家约稿、文摘转载、作家专栏、网络转帖等。文章类型可以为散文、小说、诗歌、书评、笑话、言论、字谜、游记、趣闻、脑筋急转弯。看看下面这些栏目的小标题，可以想象一个副刊版面除了新闻以外，什么体裁的文章都可以登载。

2. 找图片

副刊中的图片可以是手绘插画、电脑矢量图、照片等，这些图片的装饰作用大于信息作用，甚至没有新闻价值，但可以给版面定下主题色调，烘托文章情绪。

2010 年 7 月 1 日《羊城晚报》副刊"花地"所刊文章"我在黑刊打工的日子"配图

当然，艺术创作的图片，如油画、书法、艺术摄影也可登载于副刊。

2007 年 9 月 20 日《羊城晚报》副刊"晚会"采用的哲理漫画

2010 年 2 月 21 日《文汇报》副刊"笔会"登载的油彩画

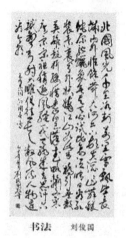

2010 年 2 月 20 日《新民晚报》副刊"夜光杯"登载的一幅书法作品

二、设计专栏

给专栏取个名字（作者可以用笔名），要求文章必须是自己原创的。

2010年2月，《新民晚报》邀请因《百家讲坛》一炮而红的北师大二附中教师纪连海老师开辟"纪老师说史"专栏。纪老师保持了其一贯的幽默、通俗、激情的讲课风格，个性鲜明。

上一讲，我们谈到了贵族出身、很有点儿真才实学的张良与刘邦在留城一见，马上"以《太公兵法》"作为见面礼归顺了刘邦，从此终身不渝。可在那个动荡的年代，拿着点儿东西作为见面礼归顺刘邦的人多了去了，为什么偏偏只有张良赢得了刘邦特殊的尊重呢？难道仅仅是有点儿真才实学的张良的贵族身份这么简单？

答案当然是否定的。真才实学也好，贵族身份也罢，您都得受这瞬息万变的战场检验一下，才能让他人知道您的学术功底和贵族身份绝对不是"山寨版"，此后的您才能赢得人家汉高祖刘邦真正的尊重！

显然，上述这些，张良都非常轻松地做到了，而且都做得很成功。

张良到底是如何做到的呢？张良与同样是刘邦主要谋臣的萧何的区别到底有哪些呢？我觉得，张良的所作所为，用当下的一句俗话来说，那就是：该出手时才出手——这才是张良的成功之所在，这才是张良与萧何的第一区别之所在！

比如，在灭秦战争最为激烈的公元前207年春，正在刘邦匆匆西进之际，敏锐地看到了匆匆西进很容易导致腹背受敌的危险的张良马上提醒刘邦：一定要先克宛城，然后再西进，这样才进可攻退可守。此后，在公元前207年秋，正在刘邦面对着兵强马壮的峣关守敌智举无门的时候，又是张良献出了疑兵之计，一举夺取了峣关，最终促使刘邦抢占了天下

无敌的项羽之前完成了灭秦大业。与此同时，还是张良善意的提醒，最终促成了贪图财色之乐的刘邦努力去实现想当年那夺取天下的豪言壮语。此后不久，还是这个张良，通过项伯在鸿门宴中的从容斡旋，使刘邦免遭杀身之祸。

楚汉战争之前，又是这个张良，再度以财物贿赂项伯，最终为刘邦请得了汉中这块最为易守难攻的地方，使刘邦从此有了一块坚强可靠的根据地——只有有了这块坚强可靠的根据地，刘邦也好，萧何也罢，这一干人等才能从容地实现他们一生的理想和愿望。

楚汉战争最为困难之际，又是张良，率先明确地提出了拉拢英布、联络彭越、倚重韩信，共同抗击项羽的作战方略。这才挽狂澜于既倒，扶大厦之将倾，使刘邦的大业最终朝着胜利的方向迈进。

此后的楚汉战争，之所以最终以刘邦的胜利、项羽的失败而告结束，那还是张良的功劳。我们知道，在楚汉战争中，双方较量的不仅有后方的粮草，更重要的还有前方的将士。若是这些将士心不齐，要想取得最终胜利那将是完全不可想象的。而这些，在张良的计谋之下，刘邦都一一做到了：不立六国后人，防止了力量的分散；立韩信为齐王，避免了内部事变的发生；乘项羽依约退兵之机全力追击，没有纵虎归山；又重爵封赏韩信、彭越，使二人合兵围歼楚军。

您瞧见没有，该出手时才出手，这才是张良的成功之所在。

纪连海

刘邦与张良的君臣相处之道（三）

该出手时才出手

步骤三：组版

按《羊城晚报》的对开版面大小制作副刊。

一、版面设置

对开《羊城晚报》的版面大小是390 mm×550 mm，比《广州日报》和《南方周末》的都要宽。

（1）打开飞腾创艺5.0，选样"新建"，在"新建文件"对话框里点击"高级"按钮。版心调整类型和背景格样式按照下图设置。

（2）设置背景格字号为小五。

（3）设置边距大小，输入 15 mm 再点击中间的曲别针按钮，这是一个联动按钮，可使上下左右的边距都自动变为 15 mm。

（4）设置版心参数。

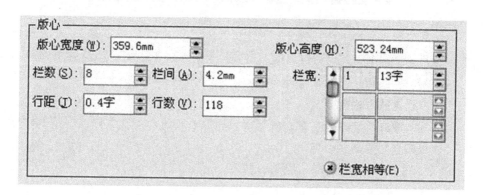

版心宽度和高度不必输入数值，而是将栏数、栏间距、栏宽、行距、行数固定了，"栏宽相等"打了勾之后，版心的大小也就固定了，因此上图当中的 359.6 mm 和 523.24 mm 都是软件自动计算出来的，无须输入。

（5）点击"确定"按钮，"高级"对话框被关闭，观察此时"新建文件"对话框里数值的变化。

版面设置
页　　数(N): 1　　宽　　度(W): 389.6mm
页面大小(S): 自定义　　高　　度(H): 553.24mm

此时页面的宽和高接近390 mm×550 mm。

二、确定副刊名称，设计版头

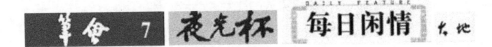

副刊版面可以起一个别致的"刊名"，如《文汇报》用"笔会"，《新民晚报》用"夜光杯"，《人民日报》用"大地"，《广州日报》用"每日闲情"，《新快报》用"新副刊"。

三、确定基本栏型

因副刊版面上文章与文章之间可以没有联系，没有主次之分，规整的栏型可以让版面看起来富有条理。

2009 年 2 月 12 日《南方周末》副刊采用美国惯用的图文直列式，版头突出（为纪念创刊 25 周年设计的"80 后报纸"的统一版头），但文章标题纤细、含蓄，给人以清雅的印象

四、排入正文

作者名一般在标题附近，独立成行，比撰写新闻的记者或通讯员的署名更显著，以示尊重其原创地位。

步骤四：输出 PDF

学生作品点评

一、文学作品类

暨南大学新闻与传播学院 2005 级梁文豪同学的作品：副刊"深度阅读"

版面采用规整的 1－3－1 栏型，中间散文、两边诗歌，插图为去彩色的灰度图，使版面看上去清雅脱俗，呈现出文人气质。

二、乐评类

暨南大学新闻与传播学院 2007 级黄舒暖同学的作品：副刊"音乐"

这是一类偏向专题的副刊版面。从选稿内容来看，都是关于流行歌曲的小故事、小感悟，但它与专题一个明显的区别在于没有足够大的标题来概括这些音乐小品，稿件很杂，很文艺，述说的主体可以是听众，也可以是演唱者，还可以是乐评人，各说各的。

三、书评类

暨南大学新闻与传播学院 2007 级蔡嘉丽同学的作品：副刊"书·心情"

这是典型的书评类副刊，有热门畅销书的基本信息，有节选、有评论，用图书封面做插图，令整个版面别具设计感。

实验总结

　　副刊的版面如其文章一样，要有动人之处。几个学期下来，回顾教学过程，CD 封套、图书封面和电影海报是很多同学的首选素材，因为这些都是天生丽质的素材，本身就具有设计感和夺人眼球的画面元素，版面很容易获得读者好感，起码不会很难看。而青睐新闻、事实、资讯稿件的同学，一时转不过弯，沿用要闻版的编排方法来编排所有版面，在后面的专题作业中已显呆板，到了副刊设计环节则难免苍白无力，毫无卖相。与"阅读是一件乐事"的副刊宗旨不符，反倒成了无味的苦差。希望同学们通过这次实验都可以设计出赏心悦目、有亲和力的副刊版面，给自己喜爱的文章、钟情的文艺作品一个美丽的展示平台。

7　杂志编辑实验项目

　　杂志，也叫期刊，是以同一名称定期出版，顺序编号，成册装订的连续出版物。它的雏形是战争中的宣传小册子。初期的报纸和杂志是混同的，有新闻，也有各种杂文和文学作品，简单地装订成册。对于这个时期的报纸和杂志，通常笼统地称为"报刊"。英国和法国从 18 世纪起，报纸与杂志开始明显地分离，杂志形成了定期出版，并兼顾更加详尽评论的特征。最早出版的杂志是于 1665 年 1 月由法国人萨罗（Denysde Sallo）在巴黎创办的《学者杂志》（*Le Iovrnal des Sçavans*），还有一种说法是 1731 年英国人爱德华·凯夫（Edward Cave）出版的《绅士杂志》（*The Gentleman's Magazine*）。最早的中文杂志是英国传教士罗伯特·马礼逊于 1815 年 8 月在马六甲创办的《察世俗每月统记传》。

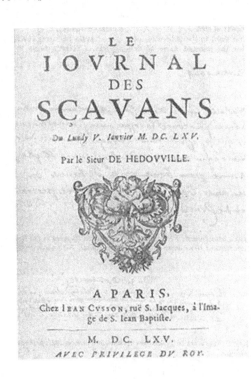

《学者杂志》（*Le Iovrnal des Sçavans*）

由 Google 扫描的 1879 年 7－12 月的《绅士杂志》

爱德华·凯夫（Edward Cave, 1691—1754），英国出版商，编辑。他创办的《绅士杂志》是第一本现代意义上的通俗性杂志。爱德华·凯夫生于拉比附近的牛顿村（Newton），是鞋匠的儿子，曾经上过当地的文法学校，但后来因为被指控偷窃校长的物品而遭到退学。他曾从事过许多职业，包括木材商、记者和印刷业者。他想推出一本期刊，内容包括受教育的大众感兴趣的各个主题，他也试图说服几家伦敦的印刷业者和书商采纳他的想法。因为没有人表示有兴趣，凯夫便自己承担这份工作。《绅士杂志》从 1731 年开始发行，很快就成为当时最有影响力也最常被模仿的期刊①

《察世俗每月统记传》是最早的中文杂志

---

① 维基百科.

7.1 实验一：16 开杂志封面设计

实验内容

为自己的杂志设计一个 16 开封面。

实验目的

1. 了解 16 开杂志的版面设置。
2. 了解杂志封面的组成部分。
3. 了解印张、开本的概念。

实验步骤

步骤一：观察杂志封面

一、准备一本自己喜爱的 16 开杂志，观察它的封面设计和这本杂志的类型

杂志名称	背景信息	封面构图	封面传递的信息
《大众电影》	娱乐类杂志 新中国成立之初的名牌杂志，1950 年 6 月创刊，风靡半个世纪，"文革"前的《大众电影》受到收藏家热捧。始创于 1962 年的百花奖，就是由《大众电影》杂志社主办的，每年选票随杂志发放，因为百花奖只代表观众对电影的看法和评价，因此又被称为"群众奖"	人像，肩部以上特写 电影明星的大头像	抢眼的剧照，电影明星

（续上表）

杂志名称	背景信息	封面构图	封面传递的信息
《瑞丽服饰美容》	时尚资讯类杂志 1995年《瑞丽》杂志由中国轻工业出版社主办 有 Vouge Huge Elle 等	人像，半身或全身取景，可见模特服装	突出封面人物妆容、服饰、发型
《读者》	文摘类杂志 创刊于1981年，原名《读者文摘》	美术作品，装饰画，突出艺术感	营造淡定、艺术的氛围
《幽默大师》	娱乐类杂志 1985年创刊 杂志宗旨——幽默 智慧 时尚 休闲 《幽默大师》——使您笑口常开的朋友来了	当期漫画中的人物，全手绘图案	封面漫画追求"笑"果，将不同画家笔下人物重新排列，制造新的人物关系

二、概念

1. 印张

印张是指印刷一本书所需要的全开纸的张数，全开纸分A型（开本850×1168）和B型（开本787×1092），开本是指纸的尺寸，单位是mm。

印张是印刷用纸的计量单位。一全张纸有两个印刷面即正、反面。规定以一全张纸的一个印刷面为一印张，所以一全张纸两面印刷后就是两个印张。

2. 开本

开本表示书页幅面大小。如一个全张纸经过四次对折后幅面为全张的

1/16，这样幅面大小的开本就称 16 开本。五次对折称 32 开本。同样的开数，不同规格的纸张，开本尺寸也不同。一般称 787 mm×1092 mm 纸张的开本为小开本，而称 850 mm×1168 mm 纸张的开本为大开本，880 mm×1230 mm 纸张的开本为特大开本。

3. 页码

杂志的一页有正反两面，每一面即为一页码。

如《幽默大师》国际大 16 开，3.5 个印张，56 页。封页为 128 克铜版纸（彩色），内文为 1 个印张的双铜纸（彩色）、2.5 个印张的 70 克双胶纸（黑白）。一本 16 开本的杂志，有 56 个页码，那它的印张数就是 3.5（56/16）。

步骤二：组稿

一、确定自己杂志的主题，收集封面素材

1. 以人物做封面的杂志

TIME（《时代周刊》）从创刊开始，经常用影像时代的知名人士作为封面人物，每年评选。

曾经成为《时代周刊》美国版封面人物的华人知名人物有吴佩孚、何振梁、蒋介石、宋美龄、毛泽东、周恩来、邓小平、林彪、江青、李嘉诚、李登辉、杨振宁、张学友、王建民等。而亚洲版封面人物的知名人物有王菲、张惠妹、周杰伦、李宇春等①。

1951 年 6 月 18 日，周恩来第一次登上《时代周刊》封面

———————————

① 维基百科.

《时代周刊》有时也会用普通人作为封面人物，如 1984 年 4 月 30 日《时代周刊》封面，就是一名站在长城上手拿可口可乐的普通中国人，标题是"中国的新面孔，里根将会看到什么？"

1984 年 4 月，里根访华，接触到了改革开放初期的中国。长城、可乐被符号化，暗示了中美关系有无限发展的空间

1985 年 6 月《国家地理》杂志封面是一名阿富汗少女。1979 年，苏联入侵阿富汗，短短几年时间，阿富汗 1 500 万人口中，有近半数被赶离家园，1/3 变成难民。这张照片由国家地理杂志的摄影师史蒂文·麦柯里（Steve Mc-Curry）摄于当时巴基斯坦白沙瓦（Peshawar）难民营的一间小教室。

照片中，Gula 睁大了一双蓝宝石一般的眼睛，眼中那无可名状的不安，让每个看到照片的人惊悚。这张照片成为《国家地理》百年历史的经典照片杰作之一，被用作 1994 年国家地理杂志出版的《百年经典图片》画册的封面

2. 以故事做封面的杂志

代表战争的子弹穿过代表科学的锥形瓶

科学和政治的关系

《新政客》讨论一个特殊的问题——科学和政治之间的关系。迈克尔·布鲁克斯介绍了 20 种科学最前沿的进展（Plus：20 new ideas that will change the world）；作家西蒙·辛格探究英国诽谤法如何对科学家们进行"审查"（出版时间：2010 年 8 月 19 日）

Islam 和 phobic（恐惧症）合成词。美国国旗按照伊斯兰星月标志裁剪后的结果，如果见了这个封面觉得被冒犯的话，美国真的得了伊斯兰恐惧症

美国能容得下穆斯林吗？

最新的 176 卷第 9 期美国《时代周刊》杂志于 2010 年 8 月 30 日正式出刊，本期封面文章标题为"美国能容得下穆斯林吗？"文章评论了美国社会针对在 9·11 恐怖袭击中倒塌的世贸大厦遗址附近筹划一座穆斯林文化中心和清真寺的提议展开了激烈争论①

① 国际在线.

200

一群袋鼠法官所站的地方必定是袋鼠法庭（Kangaroo Court），一个英文独有的名词，用于被认为不公平的法庭审判或裁决。2010年8月23日出版的《标准周刊》讨论国际刑事法庭的职能时，用到了"袋鼠法庭"这个俚语

有关国际法庭的"神奇"幻想

过去8年间，国际刑事法庭没能执行任何一项判决，可是欧洲却仍然对其抱有幻想，把它当作一个无所不能的神奇工具。2010年夏天，在乌干达首都坎帕拉召开的大会上，100多个国家的代表同意在种族屠杀罪、战争罪以及反人类罪的基础上，进一步扩大国际法庭的审判权限。到目前为止，几乎是一事无成的国际法庭又拥有了一项新职能——审判侵略罪①

步骤三：组版

我们参照下面这个自创杂志《假日》来学习封面组版。

———————————
① 国际在线.

一、杂志版面的版面设置

（1）打开飞腾创艺 5.0，选新建，在"新建文件"对话框里点击"高级"按钮。

（2）版心调整类型和背景格样式按照下图设置。

（3）设置背景格字号为小五。

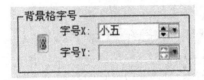

（4）设置边距大小，若有数值框为灰色，则点击中间的曲别针按钮。

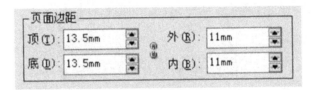

（5）设置版心参数。

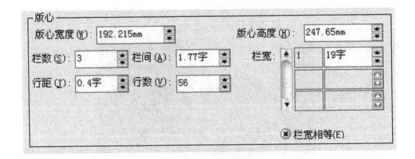

版心宽度和高度不必输入数值。栏数、栏间距、栏宽、行距、行数固定了，勾选"栏宽相等"后，版心的大小也就固定了，因此上图中 192.215 mm 和 247.65 mm 都是飞腾这个软件计算出来的，不用输入。同理，因为前面已选择"自动调整页面大小",所以"页面大小"底下的宽和高也无须输入。

（6）点击"确定"按钮,"高级"对话框被关闭,此时"新建文件"对话框中宽和高分别为 214.215mm、274.65 mm,接近大 16 开杂志的 215 mm × 275 mm。

版面设置			
页　数(N):	1	宽　度(W):	214.215mm
页面大小(S):	自定义	高　度(H):	274.65mm

二、刊名和主标题设计

（1）突出刊名,便于读者识别。

这是一个通栏标题,刊名被"度假小猫"分为中文、英文两部分。"度假小猫"是杂志 logo、吉祥物。"美食美景相伴的人生小憩"是办刊理念。

刊名底下用钓鱼线勾出一块较大面积的留白区,目的是突出刊名,同时钓鱼线也起到引导视线的作用。

（2）主要文章的标题出现在封面,有导读作用。

（3）主题图片的选用呼应了主题文章，成为"封面故事"。

（4）有些杂志会将刊名和主标题使用同种颜色，使封面的色彩相互呼应，如《瑞丽》。"瑞丽"两个大字（日文版 RAY）都和文章最大的标题使用同一种颜色。

三、实现封面效果

插入文字、图片；改变字体、字号、颜色；改变图片大小，在"报纸版面制作"中已经介绍，这里不再重复。这一节我们学习一些新的效果，如画简笔画（钓鱼线和救生圈）、太阳光晕、图片勾边加阴影（咬钩的小鱼）、镜像翻转（头朝右、尾巴向左的毛驴）。

1. 用线条画简笔画：钓鱼线和救生圈
（1）钓鱼线。

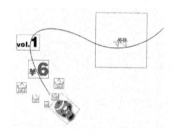

先用直线工具画一条斜线。

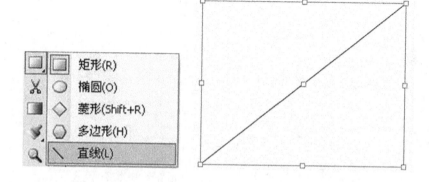

再用穿透工具 在斜线的1/2处双击，可得到一个节点，节点就像是手臂的关节，两边的线段变成曲线以后，节点可作为方向改变的"拐点"。

将直线变为曲线的方法：鼠标在 的状态下，鼠标放在两个节点中间点击右键，选"变曲"。拖动杠杆，直线即变成曲线。

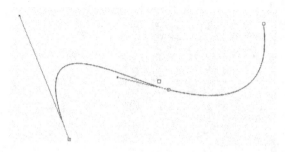

（2）救生圈。
先用椭圆工具 画一个同心圆。

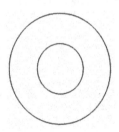

再用直线工具画 5 条线段。

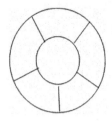

之后，选中救生圈的全部图形（5 条线加同心圆）。

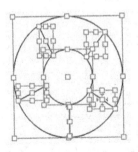

鼠标在选中状态下，
大范围画框，将救生圈框
住，所框区域即被选中

改变线条的粗细和颜色："美工"——"线型与花边"，将默认的线条直径由 0.1 mm 改为 0.8 mm，颜色为自定义的深红色。

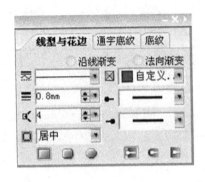

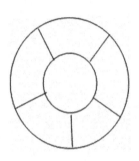

2. 太阳光晕：羽化

（1）用直线、椭圆工具画一个太阳的简笔画。

（2）加粗直线线段，并改黑线为黄线（"美工"——"线型与花边"）。

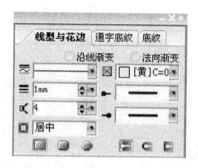

（3）给圆形填上橙红色底纹。

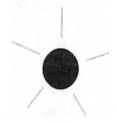

（4）选中圆形，"美工"——"羽化"。

（5）最后效果如下：

3. 咬钩的小鱼（加阴影，图片勾边）

（1）导入一张鱼的图片（可以在 google 图片里随意搜索一条，要底色全白或纯色）。

（2）选中该小鱼图片，"美工"——"阴影"。

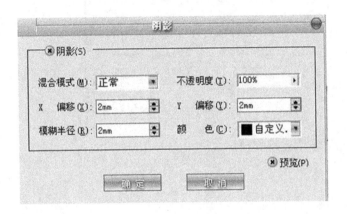

软件有一套默认的、最常用的阴影的参数，比如阴影是不透明的，横向（向右）、纵向（向下）都偏移 2 mm，阴影边缘处开始模糊，阴影颜色是黑色。

当然这些都可以根据我们的要求修改，如改为向左上方倾斜，用彩色的阴影等。

现在这条鱼好像一张
鱼的照片

（3）选中小鱼，"美工"——"图像勾边"。

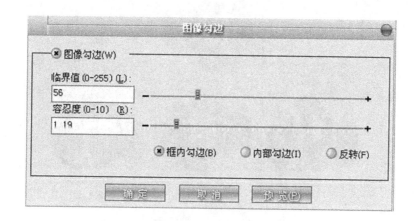

勾边之后，阴影紧贴着鱼的轮廓，给这条鱼增添了生气

4. 镜像翻转

选中图片（可以是上面这条鱼或其他任何图片），"对象"——"镜像"。

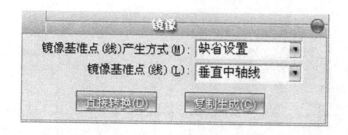

镜像窗口里，我们要设置中轴线的方向，有垂直中轴线、水平中轴线两种。

同学们尝试下，这五条鱼是如何通过镜像窗口提供的各种基准线制作的？

学生作品点评

一、艺术插画式

暨南大学新闻与传播学院2007级卢穗茵同学的作品：

首先"创·时代"三个字的字体很别致，用的是"方正剪纸简体"，导读标题做成倾斜，非常活泼，呼应了背景中发射状的线条。封面图片选择心形主题的插画，暗含"创意由心而发，多姿多彩，熠熠生辉"的概念。

二、明星艺术照式

暨南大学新闻与传播学院2007级林翠华同学的作品：

这张婚纱艺术照，以粉红色为主调，年轻、淡定、自然，做封面十分讨人喜欢。粉红色的羽化效果椭圆衬托在白色文字下方，是这个封面最具巧思的地方。这些椭圆很不起眼，好像照片的一部分，但是可以衬出白色标题，发挥了重要作用。白色是婚纱的主色调，这个封面的成功在于标题的用色和装饰。试想几个"方正超粗黑"的黑色标题肯定要破坏这种甜美的意境。

三、个人生活照式

暨南大学新闻与传播学院2007级张燕君、潘银彬同学的作品：

封面人物是《FIT MAN》的主编潘银彬，对应有封面故事《肥仔减肥记——肥快活》，用人物专访的形式来设计主打文章，十分有趣。当然，封面的成功之处，两个字——整齐。栏目名称和文章标题一起排列，工整分两栏，一栏左对齐，另一栏右对齐。字体、字的颜色、字号、勾边效果都一致。用色不乱，主要用黑色、黄色，勾边用一点白色。唯一遗憾是人像模糊，聚焦不清。

实验总结

以上三位同学的杂志封面风格差异很大，但都把握住了一个原则，就是字的颜色绝不乱用。《创·时代》只用蓝、白，《我们结婚吧》用粉、白、橙，《FIT MAN》用黑、黄、白，都给人格调高雅、清新自然的感觉。再有就是整齐、对称，让众多元素各就各位，要选择参照物，控制上下间距，保证左右对齐。很多同学以为杂志是极其自由的（起码比报纸自由），经常随心所欲将图片、文字东一块西一块地丢在版面上，理由都是痛恨横平竖直，渴望千变万化，这是把凌乱当活泼的误区。

《为食一周》的封面有很多概念要表达，但文字多数淹没于图片当中，难以辨识。一是文字字体太细、缺乏变化，二是图片干扰了文字的阅读。图片排列成相互咬合状，造成相互干扰，使得图片也看不清楚。总而言之，这是一个让人眼花缭乱的封面。

有同学意识到版面乱了，用箭头补救，其实读者的视线流可以用线条、色彩来引导，不一定是生硬的箭头。如前面介绍的渔线和小鱼。

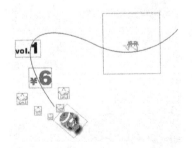

历年来，漂亮封面的杂志作品经过打印、装订、贴膜变成沉甸甸的杂志实物之后，会让人爱不释手，也最容易登上第一名宝座。

7.2 实验二：16开杂志目录设计

实验内容

为自己的杂志设计一个单页目录，要求目录上除标题页码以外，还有新闻图片、刊首语（"编者的话"）。

实验目的

1. 了解16开杂志的目录样式。
2. 了解杂志目录的组成部分。
3. 学会使用方正飞腾创艺5.0的折手拼版。

实验步骤

步骤一：观察杂志目录

准备一本16开杂志，观察它的目录设计。

杂志名称	类别	发行地	目录构图
《新假期》 	生活休闲	香港	紧凑型，目录只有一页，刊首语混迹于目录当中，无导读用的图片
《大观》 	艺术品收藏	台湾	宽敞型，有导读图片，大量留白，目录有多页，有作者署名

（续上表）

杂志名称	类别	发行地	目录构图
《都市丽人》 	时尚女性杂志	内地	密不透风，有导读图片，题目下有简短的导读文字，目录有两页
《SEASON 得宠时尚》 	宠物资讯	香港	温度计型，注重标题和数字的颜色。一种颜色对应一个栏目
《青年文摘》 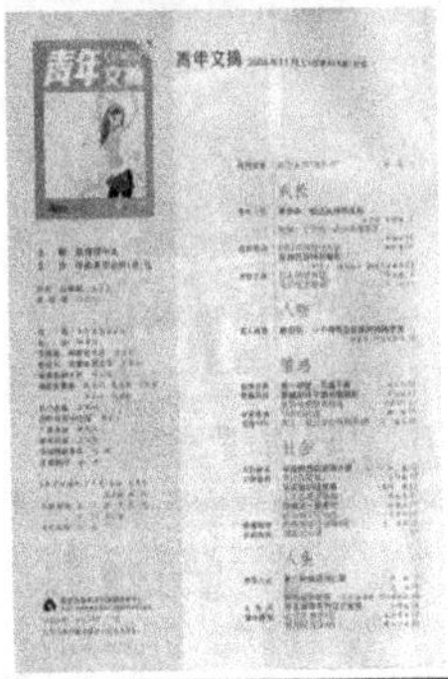	文摘类	内地	突出栏目名称，但没有突出页码，目录上出现各文章作者的署名

尝试从以下角度，观察上面的目录：①是否有作者署名；②是否有导读图片；③是否有导读的文字；④是否有"刊首语"或"编者的话"；⑤栏目名称出现的方式；⑥紧凑还是宽松。

步骤二：确定相关主题，收集素材

（1）为自己创办的杂志确定栏目。

（2）根据各栏目主题，收集相关文章和图片，自拟文章标题。

（3）根据杂志的类型和定位，写一段"刊首语"。

刊首语：夏天的风景

行走在人生的四季，可以不了解目的地的气候，但一定可以推算出当时的季节。用一点点蛛丝信息，帮助我们推知冷暖，准备行囊，驴友已经上路，装备无须复杂，因为赤道何时不是夏天？

童年的泰迪熊伙伴，它们身穿华服，演绎着童话世界里的梦想，好像故意要重复着孩子们的游戏，比如扮公主，扮国王，莫名其妙产生小时候找自己也是一只小熊的想法。大人们看孩子们游戏和游客看泰迪的"装模做样"都是一种心情吧，觉得好笑，可爱，又有丝丝怀念。

3 游玩季
驴友的夏天

4-5 世界畅游
济州岛约会泰迪熊

6-7 五星级的居家度假大法
宅男宅女必看热播剧：《莹之光》
&《爱就宅一起》

步骤三：组版

一、概念

1. 拼版

拼版就是把许多小页拼装在一个印刷版面上，可以清晰地看出需要多少印张，找到最合理的印刷方式，节约印刷时间和物料成本。

拼版原理：对于一个八页的《自我介绍》，用四开纸（或 A2 纸）打印，拼版方法如下图。同学们可以用一张白纸标上序号，依照下图尝试折页。

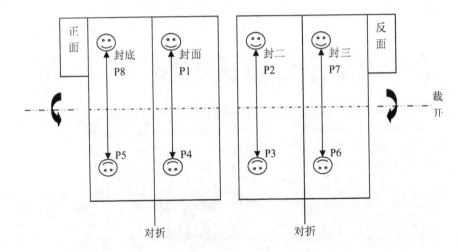

注意：双面打印完毕，上下沿虚线对折（保持封面朝外），沿虚线裁开，再左右沿实线对折（保持封面朝外）。

16页的宣传册，若用对开纸打印，拼版方法如下：

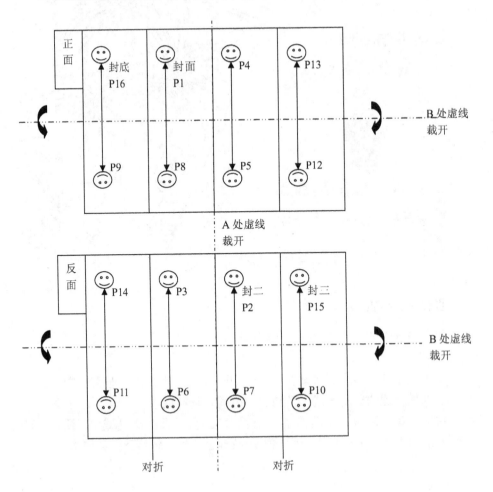

注意：双面打印完毕，左右沿中间 A 虚线对折（保持封面朝外），沿 A 虚线裁开，再上下沿中间 B 虚线对折（保持封面朝外），沿 B 虚线裁开；最后左右沿实线对折（保持封面朝外）。在折叠过程中只要始终看到封面（P1）在最上面就可以折出一本书了。

上面介绍了手工拼版折页的方法，希望同学们能了解原理，印刷工业中拼版基本依赖专业的拼版软件实现。如方正文合 3.1 拼版折手软件可以根据页数和印刷开张的大小，计算出拼版的顺序，节省了操作者的精力和时间。方正飞腾创艺 5.0 也提供了折手拼版的功能，非常好用。

菜单栏第一个选项"文件"，在下拉菜单里选择"折手拼版"，页面范围选择"全部"。拼版设置有"简单拼版"和"折手拼版"两种，选择"折手拼版"。

"简单拼版"就是在一张大纸（全开、对开）上，拼满同一个版面，如下图，多见海报或单页、单面印刷。

"折手拼版"就是根据页码、纸张大小来拼接组合，顾及正反两面。杂志、书籍都会做折手，一是避免浪费纸张，二是装订需要联页、需要正反印

刷。下面图片是一本八页的小册子，有封面、封底、内页。按照阅读顺序是：

（1）封面，第1页。

（2）目录，刊首语，第2页，第一篇正文《驴友的夏天》第3页。

（3）跨页专题《济州岛约会泰迪熊》，第4页、第5页。

（4）跨页专题：宅男宅女最爱偶像剧，第6页、第7页。

（5）封底：休闲鞋广告，第8页。

按照16开杂志，四开纸打印（接近 A2 大小），各页脚对脚，骑马钉。拼版之后，效果如下：

封底（第8页）、封面（第1页）位于上排，中间页（第4页、第5页）大头朝下位于下排，在四开纸（或 A2 纸）的正面打印。

第 2 页和第 7 页位于上排，第 3 页和第 6 页大头朝下位于下排，在四开纸（或 A2 纸）的背面打印。

实现上述效果的折手拼版的版面设置如下：

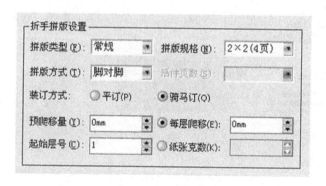

2. 装订

（1）骑马订。

对于只有一两个印张的薄册子和刊物，可采用骑马订。把铁丝在书帖的折缝处从外向里穿过折缝，把书帖联结成册。骑马订工艺简单，生产效率高，成本低，容易实现机械化。但这种订书方式也有不足：一是铁丝容易生锈；二是书页容易脱落；三是纸张越厚，页码越多，越容易造成内页爬移，裁剪后中间位置的页边距牺牲最大。方正飞腾创艺 5.0 的折手拼版和方正文合拼版系统都有"支持爬移消除"功能，就是针对骑马钉而设的。

（2）胶订。

胶订分为无线胶装和串线平装。无线胶装工艺简单，被大量书刊采用。但由于热熔胶的黏附力量有限，太厚重的纸张不建议使用。串线平装则牢固耐用，但多了工序，成本也相应提高。

学生作品点评

一、目录

暨南大学新闻与传播学院 2007 级张燕君、潘银彬同学的作品：

白底黑字，清晰醒目，风格简朴，唯一一张图片就是封面。封面出现在目录很常见，作用是"强调本期"，这个位置必然期期不同，当然也提醒读者"您手上拿的正是鄙刊"。

暨南大学新闻与传播学院 2007 级程珮筠、王政显、潘奕雯、陈永坚同学的作品：

突出栏目名，但文章名称很小，页码非常精准，文章的起始页和结束页都有表示，读者可以估算出文章篇幅。

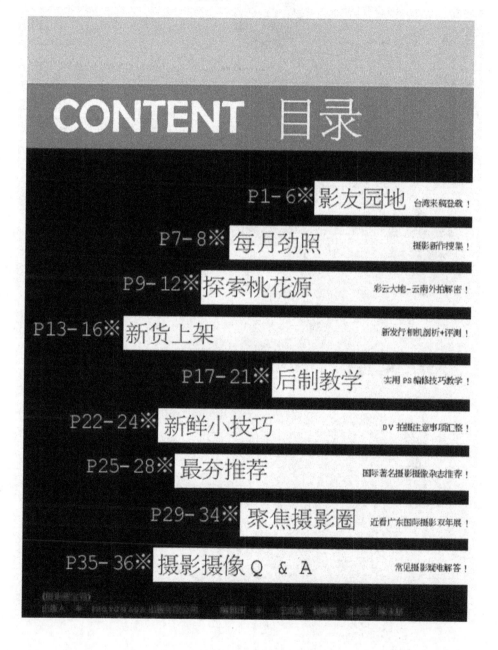

二、征稿启事和刊首语

征稿启事
（暨南大学新闻与传播
学院 2007 级雷萍萍、任
婉雯同学的作品）

刊首语
（暨南大学新闻与传播
学院 2007 级雷萍萍、任
婉雯同学的作品）

实验总结

杂志有封面，报纸也可以有封面，但杂志有目录，报纸就不会用一个版面做目录了，报纸往往认为用不着逐条新闻都编上版号，封面上只标注重要新闻的版号。所以说有了目录的杂志特别像书籍，读者能按图索骥快速翻到感兴趣的篇章，尤其对学术类杂志而言，读者的学科背景和专业研究方向都存在差异，自然要各取所需。但随着杂志定位和选稿越来越分众化，杂志对读者进行了细分，越办越专一，甚至一家杂志社多办儿个品牌将各个群体逐一击破。这样才会被充分阅读，不然谁会花钱买一本只读一两篇文章的杂志呢？

一本被充分阅读的杂志，目录就不是那么重要了。按顺序阅读或翻到哪里、看到哪里，从来不看目录的也大有人在。

目录为什么还存在呢？

目录对编稿、审稿至关重要，杂志社每期都准备一个版序文件，内容和目录差不多。哪几版对应哪些栏目，各栏目分配多少版面，都是开会讨论过已经达成共识了的。

另外，若被中国期刊网收录，要做电子检索，杂志社需提供目录。如果杂志社有自己的官网摆放电子杂志，目录就摇身变成了超链接目录，也就更加不可或缺。

还有，几乎所有杂志社都希望自己的文章被反复阅读，被人转载、推荐，目录可以清楚地告知页码，而对于那些越办越厚重的杂志建议随刊附赠书签，先夹在主题文章的位置。

杂志的目录制作往往是整本杂志组版的最后工序，因为内页的版式分布确定后，页码才确定。我们在设计实验项目时把目录设计提前，目的是让同学们清楚自己创办的杂志可以介绍什么内容，可以有哪些栏目，可以刊登哪些广告，至于具体页码暂时都是虚构，待后面有了完整成品后再修改也来得及。

经常出现在目录附近的还有征稿启事、刊首语和读者来信，都属于编者和读者的互动交流。同学们可以自由发挥。

7.3　实验三：杂志内页设计

实验内容

为自己的杂志设计一个跨版专题页面。

实验目的

1. 了解杂志的三种基本版面式样：实用型、随和型、精神型。

2. 了解版面率、图版率的概念。

3. 练习使用飞腾创艺 5.0 的页面管理窗口。

实验步骤

步骤一：观察杂志内页

1. 观察版面

准备一本 16 开杂志，选择杂志中你喜爱的跨版页面，根据以下表格①，找到与它对应的类型。

	实用型	随和型	精神型
版面式样	网格 执行严格的网格 上下左右对称	网格自由	对称
信息量	大	中	小
静动性	图文平稳，图片四四方方	图文倾斜，图片抠底	全图片拉出版面（因延伸到出血线外，又称图片出血）
图文率	文中心 文字较多，比图片占据的空间大	图文各半 文字和图片面积接近1:1	图中心 读图为主，文字为辅
跳跃率	各标题字号比例适中	标题字号忽大忽小	标题字号差别不大

（1）实用型版面。有明显的网格，给人以追求权威、可信赖的印象，突出信息量、功能性和实用性，不强求有冲击力的视觉效果，让读者慢慢地、冷静地阅读，掌握可靠的信息。

---

① ［日］内田广由纪. 简明版面设计［M］. 刘观庆，刘星译. 北京：中国建设工业出版社，2005.

（2）随和型版面。与人接近的亲切感，适合面向年轻女性的杂志，同时兼顾一定的信息量，令读者轻松愉快地阅读。

（3）精神型版面。制造情绪氛围，充满戏剧化、幻想和故事，令读者展开美好的联想，对图片、标题留下深刻印象。

2. 概念

（1）版面率。

版面率 = 版心大小／页面大小

版面率低，留白多的设计，能给人一种典雅、安静的效果。

这个通版的特色是用箭头和图片说明文字来占位，避免大片空白，提高了版面率，令人感觉热闹、活泼。

版面率也可以通过控制页边距来实现。左版用一张底图撑满整个页面，右版四周都留了边距，看得出明显的版心位置。尽管文字信息集中在右版，但版面率仍然是左边大于右边。右版的左边距用了彩色，占了空间，也是提高版面率的一种方法。

（2）图版率。

图版率＝图片面积／页面大小

这个版面尽管文字信息不多，但一张充实、热闹的动物插图占据了整个版面，让人感觉画面既丰富又活泼。

图版率低的页面显得严肃、沉稳。

图片越多、占的面积越大，图版率越高，版面会显得热闹、饱满。左右两边的图版率相差较大：左边用图片较多，左上角已经撑满版面；右上角有大片留白，高雅地浪费着版面。

增加装饰图案，给人增加图版率的感觉。对角线上的两个圆弧，占据了空

位。在文字、图片都不足以撑满整个版面时，装饰图案发挥了作用。

为文字填充底色，给人增加图版率的感觉。用彩色的底纹代替白底黑字，不会感觉空荡。

（3）蓝纸打样。

蓝纸是在大量印刷之前按实际的折页方式折好页，排好序，给客户确认的版本。这一步是客户在印刷前检查内容正确性的最后一次机会。看蓝纸的人要对确认行为负责，如果确认无误，则必须在上面签名。通常是杂志社主编担此重任。过去的蓝纸是按照印刷的实际流程制作的一个样本，现在越来越多是数码打样，用大幅面打印机就可以完成，随着技术的更新，数码蓝纸已经逐步接近传统的印刷蓝纸。

步骤二：确定主题、收集素材

一、杂志信息与报纸信息的不同之处

1923 年 3 月，亨利·卢斯与他的耶鲁同学布里顿·哈登（Briton Hadden）出版了第一期《时代》。他们在创刊发起书中阐述了杂志与报纸在内容信息上的区别：

尽管美国的每日新闻事业比世界上其他任何国家都要发达——尽管外国人对我们的期刊的卓越啧啧称奇，如《世界的工作》、《世纪》、《文摘》、《展望》等——但是多半美国人了解的情况甚为贫乏。这并非日报的过失，它们刊载了所有的消息；这也并非每周"回顾"的过失，它们对新闻作出了恰当的发展和评论。随随便便就将这种情形归咎于读者自己的过失，是一种武断的做法。人们之所以不了解情况，是因为没有一种出版物能适应忙人的时间，使他们费时不多，却能周知世事。

　　每天当报纸迅速地把新闻事实送到读者眼前时，杂志就开始利用充裕的时间优势把实事加工成深度报道、评论、小传，并按照杂志的办刊主题分门别类。最后杂志以一个无所不知、睿智、集大成者的形象出现在读者面前，真的可以"适应忙人的时间，使他们费时不多，却能周知世事"。我们选择几本世界著名的和风靡中国的杂志进行介绍，希望同学们日后接触到这些杂志的时候，能多翻两遍，感受一下成功杂志的魅力。

杂志名称	背景信息	发行周期	稿件特色	影响力
《商业周刊》 Business Week	创刊于 1929 年 9 月，是美国麦格劳—希尔公司出版的英文版杂志，目前该杂志在全世界已出版了多种语言的版本，每周在全球的发行量超过 100 万册，读者总数约 600 万人。《商业周刊》中文版于 1986 年 12 月创刊，刊文主要选译自《商业周刊》英文版。《商业周刊》中文版为月刊，每年 1、2 月份为合刊	周刊	报道、分析国际经济、产业及科技发展的新动态，展望未来的发展趋势和前景。对国际重大经济题材反应迅速，能够推出有针对性和深度的报道	1999 年该杂志获美国杂志最高奖——全国杂志综合优秀奖
《时代》 TIME	又译《时代周刊》、《时代杂志》，是美国出版的时事周刊。《时代》的注册商标为大写的"TIME"。在一些广告中，《时代》将"TIME"定义为"报道国际重要事件的杂志"（The International Magazine of Events）的缩写，并作为它的刊物定位	周刊	该刊的宗旨是要使"忙人"能够充分了解世界大事。是美国第一份用叙述体报道时事，打破报纸、广播对新闻垄断的大众性期刊	是美国影响最大的新闻周刊，有"世界史库"之称
《读者文摘》 Reader Digest	《读者文摘》，中国大陆称《普知》，是一本家庭月刊，1922 年于美国创刊。2004 年，美国的销量已达一千万册。它是当前世界上最畅销的杂志之一，现在已发展至 50 种版本，以 21 种语言印刷，在世界 60 多个国家发行，为各个年龄、各种文化背景的读者提供资讯	月刊	一本能引起大众广泛兴趣的、内容丰富的家庭杂志。它所涉及的故事文章涵盖了健康、生态、政府、国际事务、体育、旅游、科学、商业、教育以及幽默笑话等多个领域	世界畅销杂志之一，它拥有 50 种版本，涉及 21 种语言，并畅销于世界 60 多个国家

（续上表）

杂志名称	背景信息	发行周期	稿件特色	影响力
《国家地理杂志》 *National Geographic Magazine*	美国国家地理学会的官方杂志，在国家地理学会1888年成立后的9个月开始发行第一期。其简体中文版名为《华夏地理》	月刊	印刷质量和图片标准得到世界公认，使得这本杂志成为世界各地的摄影记者梦想发布照片的地方	世界上广为人知的一本杂志，其封面上的亮黄色边框及月桂纹图样已经成为其象征
《读者》	创刊于1981年的《读者》，最初的名称是《读者文摘》，碍于当时与美国的《读者文摘》同名的压力，1993年正式更名为《读者》	半月刊	文章体裁不限，"以情动人、以理悟人或以文悦人"就是读者喜闻乐见的好文章	一度成为中国发行量最大的杂志，鉴于其根深蒂固的影响力，美国的《读者文摘》于2008年进入中国市场时放弃"读者"二字，取名为《普知》
《中国国家地理》	创刊于1950年，原名《地理知识》，由中国科学院、地理科学与资源研究所和中国地理学会主办。创刊当年只有8页	月刊	内容以中国地理为主，兼具世界各地不同区域的自然、人文景观和事件，并揭示其背后的地理科学故事，也涉及天文、生物、历史和考古等领域	国内彩色期刊中发行量最大的杂志，有简体版、繁体版、英文版、日文版等，由国外代理版权，向世界发售

步骤三：组版

一、杂志版面的版面设置

（1）打开飞腾创艺5.0，选择"新建"，在"新建文件"对话框里点击"高级"按钮。

（2）版心调整类型和背景格样式按照下图设置。

（3）设置背景格字号为小五。

（4）设置边距大小，若有数值框为灰色，则点击中间的曲别针按钮。

（5）设置版心参数。

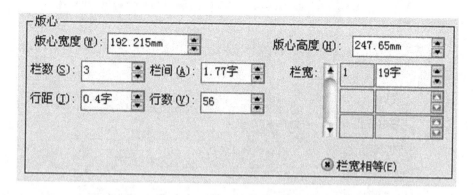

（6）点击"确定"按钮，"高级"对话框被关闭，观察此时"新建文件"对话框里数值的变化。

此时宽和高分别为 214.215 mm、274.65 mm，接近大 16 开杂志的 215 mm、275 mm。

（7）修改页数。

由一页改为 8 页，为得到一本手工装订（骑马订）的小册子，全本杂志页数要是 4 的倍数，如 4 页、8 页、12 页……100 页，这次实验选 8 页。

（8）翻动电脑上的杂志版面。

屏幕左下方有一个翻页标杆，看到第一页为封面，第8页为封底。标杆上2和3，4和5之间有一个标签连接着，代表跨版。第1页和第2页的关系就是同一张纸的正面与背面。

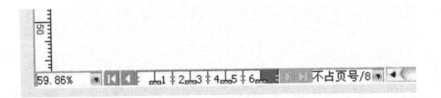

跨页的两版可以在输出 PDF 的时候同时输出为一个整张，从而使中缝衔接处的图片更容易显示清楚。

分开输出

跨页输出

二、为杂志添加页码

（1）菜单栏"版面"——"页码"——"添加页码"，跳出对话框"只能在主页上添加页码"。什么是"主页"呢？

主页不是真正的页，它是记录页的属性的地方，也可以称之为属性页，如 A 属性页、B 属性页。主页的外观与编辑页一样，有奇偶页、有版心、有边线、有标尺。同学很容易把主页当做编辑页，在主页上面排满了内容，结果发现后面页都跟主页一模一样。主页上任何一笔都会在它所管辖的编辑页里发现。所以一旦发现版面上有删不掉的地方，就要检查主页。

菜单栏"窗口"下有"页面管理"，A 主页也是新建的主页，鼠标在"主页无"旁边区域点击右键，出现"新建主页"，还可以继续新建 B 主页、C 主页等。应用主页到页面之后,8 个编辑页就套用了 A 主页的属性。

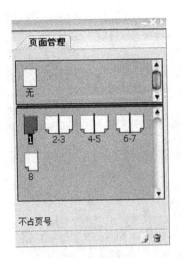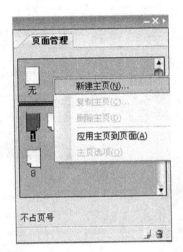

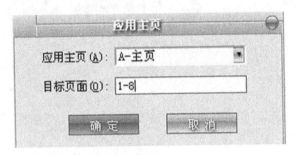

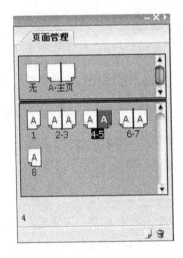

　　在报纸排版中,主页可以设置 A 叠、B 叠、C 叠的报眉属性,分别对应 A 主页、B 主页、C 主页。主页还可以给奇偶页设置不同的报眉,见下图《欧洲商报》奇偶对称的报眉。

在杂志排版当中，主页在统一栏目样式上发挥重要作用，如在同一栏目下设置相同的页眉、相同的底纹等，但要注意主页的内容是固定不变的，所以要把哪些元素放在主页上以及放在什么位置都要提前规划好。

（2）添加页码。

鼠标在页面管理窗口双击主页图标，进入主页，"版面"——"添加页码"，跳出页码窗口。根据自己的要求来选择系统提供的页码样式，也可以改变页码出现的位置，当然默认的设置是最常见的（阿拉伯数字，左页左下角，右页右下角）。

如果想追求艺术感的数字，可以自己设计而不使用添加页码功能。

三、编排内容

图文编排的注意要点如下：

（1）文字内容要求在版心线里边。

（2）文字内容不能排在中缝的位置。中缝其实是两个页边距连接处，属于紫色版心线以外区域。这里不能有字，否则在装订时会被夹在缝隙里。

（3）图片可以排在版心线里侧，或者撑满整个版面。撑满效果必须拉伸图片，边缘达到页边线以外3 mm的地方，我们可以设置出血线，这样只要想做出大面积底图的效果，就可以直接把图片拉伸到出血线的位置。

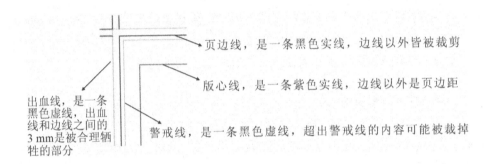

出血线，是一条黑色虚线，出血线和边线之间的3 mm是被合理牺牲的部分

页边线，是一条黑色实线，边线以外皆被裁剪

版心线，是一条紫色实线，边线以外是页边距

警戒线，是一条黑色虚线，超出警戒线的内容可能被裁掉

学生作品点评

暨南大学新闻与传播学院 2005 级李汝珊同学的作品：

圆点是草间弥生的艺术特质，作者用圆点来装饰版面页边距的位置，有美丽画框的效果，强化了"圆点作品"的主题。该专题分为红色版和黄色版，各占半边，图片色调选取也分别配合红色和黄色，在这样一个图片位置不受正文限制的版面，即正文内容泛泛而谈没有指向具体图片，首要做的是图片与图片之间的色彩呼应。

图片的形状多采用圆角矩形和圆形，弱化了尖角，与主题"圆点艺术"相呼应。

暨南大学新闻与传播学院 2005 级陈翼翔同学的作品：

插图与文字内容搭配较成功，标题的字体以及标题各个字的排列方式都很艺术，很适合大段文章的纯文学版面。缺点是分栏过细，杂志版面中两栏和三栏是最多见的。版面上有两篇文章，但第一眼望去觉得是一篇大文章。原因是左侧文章在哪里结束，右侧文章从哪里开始没有准确的提示，可以用段首大字（格式菜单底下有按钮）来补救。《在女人的咖啡里》标题靠下，不够醒目。如果不想改变当前布局的话，就要在页眉区给两篇文章各配置一个栏目名称，这样版面也会一分为二，不会被当成一篇文章。

暨南大学新闻与传播学院 2007 级张惊同学的作品：

这是一个底图全撑满的、画卷一样漂亮的作品。很有特色的是作者的拼图化布局。试想，去掉右边版面上的线条，"香水简介"就散落一地，相互干扰，而且缺乏特色。当然香水瓶的抠图也非常精细，与底图融为一体。

实验总结

杂志内页比起报纸来活泼、漂亮。它不用承载很多的文字信息，小小版面，一个话题就能排满左右对称的两版。所以每个学期作为《报刊电子编辑》的最后一份作业，同学们最有干劲，是作业质量最好的实验项目。对苦练一个学期的同学而言，美丽的杂志版面是他们水到渠成的学业成果，也是美好的学习纪念。

学会按框、按线走路是这个实验项目着力强调的。如越过了警戒线被裁掉，后悔也来不及。再有，我们手画的矩形、圆形、直线和各式线框，线框给版面元素添加了轮廓，使版面上的图和字各就各位，界限分明。强调这一点，是因为排版新手最常做的就是把挺好看的素材"随意"丢在版面上，把跳跃凌乱当做生动活泼，把歪歪扭扭当做潇洒自然。用"框"框住，是新手该学的第一本领。先稳住，再慢慢求变，破除呆板。走好第一步，以后才能步步顺利。

参考文献

［1］姚福申. 中国编辑史［M］. 上海：复旦大学出版社，2004.

［2］许期卓. 美国报纸视觉设计［M］. 北京：中国人民大学出版社，2008.

［3］刘晓璐. 经典报纸版式设计［M］. 广州：广东人民出版社，2008.

［4］内田广由纪. 简明版面设计［M］. 刘观庆，刘星译. 北京：中国建筑工业出版社，2005.

［5］肖伟，罗映纯，邬心云. 当代新闻编辑学教程［M］. 广州：暨南大学出版社，2008.

［6］北大方正集团. 方正飞腾创艺 5.0 使用说明，2007.

［7］［日］佐木刚士. 版式设计原理［M］. 武湛译. 北京：中国青年出版社，2007.

［8］王雷. 在极"左"思潮泛滥的年代，无言是无奈的结局［N］. 羊城晚报，2007－09－20.

［9］［美］麦克韦德. 超越平凡的平面设计：版式设计原理与应用［M］. 侯景艳译. 北京：人民邮电出版社，2010.

后 记

　　我人生中制作的第一本刊物叫做《Dairy of Teaching——电视广告教学笔记》，是手工作品，强迫学生阅读的。当时代课《电视广告》，一个学期下来生怕学生不记得学了什么，就把上课过程写成日记的形式，在最后一次课发给学生留个纪念。正文内容16页，用了5张A4纸，32开大小，封面封底贴膜，骑马订，纸张像图画纸一样比较厚重，拿在手上有点分量，只有10本的印数。为了这个成品，我买了彩色打印机、切纸刀、贴膜纸、转轴订书器。等到稿子写好的时候，排版给我出了难题：电脑上一页的word文档怎样才能变成书的样子呢？我当时拿五张A4纸放一叠对折，用笔标页码，翻来覆去总算把哪一页挨着哪一页，谁是谁的背面搞清楚了。我第一次知道封面封底是一张纸打印出来的，真是重大发现。

　　进入暨南大学以后，认识了肖伟老师，也认识了方正飞腾。目前肖伟老师在北京的中国人民大学攻读博士学位，她是领我入门的关键人物，非常感谢她。肖伟老师编写的教材对我影响很大，在她面前我永远是初学者。与胡丹老师结缘，是因为先邮购了她的一本教程，后来得知她在暨南大学攻读博士学位，而在南昌大学工作，是一位有着一线教学经验的老师。我们三个人身处北京、南昌、广州三地，相似的教学经历把我们联系在一起。我们都是从飞腾4.0时代走过来的，对新版的创艺5.0充满期待。两位老师都出版过关于飞腾4.0的实验教程，而我有幸能够使用飞腾创艺5.0进行教学，所以我们这个组合决定要写一本既有沉淀又有实践的可爱的教材，还是取名《报刊电子编辑》。它不能写成飞腾创艺5.0的使用说明书，也不能写成《报刊编辑学》理论读本，它应该一步一步教大家怎么做报纸、做杂志，做出符合印刷标准的正规刊物。这本书是否实现了这个目标，还要由读者来评判。

　　当年徐静蕾将博客内容结集出书，相信许多人也会有这个愿望，哪日装订一个博客作品集、摄影作品集或漫画作品集送人做礼物，岂不别致？

　　出版本来是个讲求分工协作的行业，不能一人成事。但技术的发展给了我们强大的独立设计的勇气，一个人可以写稿，可以摄影，可以做图片处理，可以排版，只要保存成图片或者PDF格式就能上传至网络。在自己的博客里张贴发布，不就传播发行出去了吗？这个完全属于自己的电子书、电子报，支持在线阅读也支持下载。十万八千里以外的读者甚至还可将自己的作品打印成书、装订成册，岂不乐哉？

　　身边越来越多人有出书立传的雄心，写书的人也越来越希望自己做版式设

计，在他们用 Photoshop，CorelDraw，Word 艰难地排列版序的时候，飞腾创艺
5.0 就该拔刀相助了。呼吁飞腾创艺 5.0 速速降价，向大众靠拢。这是一个
"个人出版时代"，北大方正公司没有理由不占先机。建议而已，声明本书绝
无给北大方正做广告的初衷。最后还是挺感谢这个软件的，更要感谢软件背后
付出才智和汗水的研发人员。

梁美娜
完稿于 2012 年 3 月